Alpesh Prajapati
Sunilkumar Joshi
Chirag Gohil

Capacidade de gestão dos produtores de batata do distrito de Banaskantha

Alpesh Prajapati
Sunilkumar Joshi
Chirag Gohil

Capacidade de gestão dos produtores de batata do distrito de Banaskantha

ScienciaScripts

Cover image: www.ingimage.com

This book is a translation from the original published under ISBN 978-3-659-86806-1.

Publisher:
Sciencia Scripts
is a trademark of
Dodo Books Indian Ocean Ltd. and OmniScriptum S.R.L publishing group

120 High Road, East Finchley, London, N2 9ED, United Kingdom
Str. Armeneasca 28/1, office 1, Chisinau MD-2012, Republic of Moldova, Europe
Printed at: see last page
ISBN: 978-620-7-62658-8

ÍNDICE DE CONTEÚDOS

CAPÍTULO 1 5

CAPÍTULO 2 14

CAPÍTULO 3 27

CAPÍTULO 4 41

CAPÍTULO 5 74

CAPÍTULO 6 82

RESUMO

A batata *(Solanum tuberosum* L.) é uma das principais culturas hortícolas do mundo. Na Índia, a batata é um dos produtos hortícolas mais importantes, disponível durante todo o ano em todas as partes do país, uma vez que pode ser armazenada durante muito tempo. Trata-se também de uma importante cultura hortícola do Estado de Gujarat. A produção de batata na Índia em 2009-10 foi de 34,33 milhões de toneladas em 1,82 milhões de hectares, com um rendimento médio de 18,80 toneladas/ha (Anonymous 2010$_a$). Uttar Pradesh, Bengala Ocidental, Bihar, Assam, Punjab, Gujarat e Himachal Pradesh são os principais estados produtores de batata no país.

Atualmente, a batata é cultivada em quase todas as regiões do país, exceto em Kerala. Atualmente, o cultivo da batata no Estado de Gujarat restringe-se a algumas zonas dos distritos de Ahmedabad, Banaskantha, Vadodara, Gandhinagar, Kheda, Mehsana, Sabarkantha, Panchmahals, Jamnagar e Kutch. Os distritos de Banaskantha estão em primeiro lugar no cultivo de batata com área (28.500 ha.) e produção (8, 26.500 MT) no ano 2009-2010 (Anónimo, 2010J.

A cultura da batata tem um potencial imenso para ser cultivada em Gujarat. A cultura é principalmente cultivada na estação Rabi, tanto no campo como no leito do rio. O estado é muito famoso pelo seu cultivo único e exemplar de batata em condições de leito de rio. Em Gujarat, a batata foi cultivada em 60079 hectares, com uma produção de 16,57 toneladas métricas negras e um rendimento médio de 27,58 toneladas/ha (Anónimo, 2010$_b$). O distrito de Banaskantha é a maior área de cultivo de batata, com uma produção de 2900 toneladas/ha. No norte de Gujarat, Deesa é o principal mercado da batata. A principal estação de investigação no domínio da batata, que funciona no âmbito da Universidade Agrícola de S.D., também está situada em Deesa. Também está situada em Deesa.

Por conseguinte, o presente estudo foi concebido para medir a capacidade de gestão dos produtores de batata relativamente ao cultivo científico da batata e descobrir o efeito das variáveis seleccionadas na capacidade de gestão, com os seguintes objectivos

1. Estudar as características seleccionadas dos produtores de batata.
2. Medir a capacidade de gestão dos produtores de batata no cultivo científico da batata.
3. Verificar a associação de variáveis seleccionadas dos produtores de batata e a capacidade de gestão.
4. Estudar as estratégias de comercialização dos produtores de batata.
5. Estudar os constrangimentos enfrentados pelos produtores de batata na adoção de práticas científicas de cultivo da batata.
6. Sugestões para ultrapassar os obstáculos existentes à adoção de práticas científicas de cultivo da batata

Para atingir os objectivos acima referidos, foi selecionada uma amostra de 120 inquiridos, representando 12 aldeias de 3 talukas do distrito de Banaskantha, através do site , utilizando a técnica de amostragem aleatória. Para medir a capacidade de gestão dos produtores de batata, foi utilizada uma escala desenvolvida pelo Dr. N. B. Jadav, com as devidas alterações. Outras variáveis foram medidas utilizando a autoavaliação dos produtores de batata seleccionados. Os resultados do estudo são resumidos a seguir:

1. Os principais indicadores da escala de capacidade de gestão, por ordem decrescente, segundo a avaliação dos juízes, foram os seguintes: planeamento, tomada de decisões, orçamentação, organização, coordenação, controlo, relações humanas e comunicação.
2. Metade dos números (50,83%) dos produtores de batata pertenciam à faixa etária média de escolaridade, mais de dois terços (61,67%) dos produtores de batata tinham uma participação média na extensão e 52,50% dos produtores de batata eram adoptantes médios, a maioria (45,00%) dos inquiridos tinha um tamanho de terra de 2,1 a 5,0 ha, mais número (47,50%) dos inquiridos tinha um rendimento anual médio, cerca de dois terços (67,50%) dos inquiridos tinham um índice de mecanização agrícola médio.50 por cento) dos inquiridos tinham um índice de mecanização agrícola médio, a maioria (69,17 por cento) dos inquiridos tinha uma intensidade de cultura de batata média, mais de dois terços (65,83 por

cento) dos inquiridos tinham uma potencialidade de irrigação média, a maioria (55,00 por cento) dos inquiridos tinha um rendimento de batata médio e 71,67 por cento dos inquiridos tinham um empréstimo médio do crédito total...

3. A capacidade de gestão dos produtores de batata em estudo foi considerada predominantemente média (60,00 por cento).
4. As habilitações literárias, a dimensão da propriedade, o rendimento anual, o índice de mecanização das explorações agrícolas, o recurso ao crédito total, a participação social, a adoção e a produção de batata tiveram relações significativas e positivas com a capacidade de gestão. A idade teve uma relação significativa mas negativa com a capacidade de gestão. A participação na extensão, a intensidade da cultura da batata e a potencialidade da irrigação tiveram uma relação não significativa com a capacidade de gestão.
5. Entre os três canais, o canal 1 é o mais popular, porque cerca de 83% da quantidade de produtos é vendida através deste canal, enquanto apenas 8,58% da quantidade é vendida através do terceiro canal e 8,42% da quantidade é vendida através do segundo canal.
6. Os principais constrangimentos enfrentados pelos produtores de batata na adoção de práticas científicas de cultivo da batata foram: fornecimento irregular e insuficiente de energia eléctrica, salários elevados da mão de obra e preço elevado dos fertilizantes, falta de mão de obra qualificada, preço elevado e ineficácia dos fungicidas e preço elevado dos insecticidas e pesticidas.
7. As sugestões apresentadas pelos produtores de batata para ultrapassar os principais constrangimentos enfrentados foram as seguintes Deve ser disponibilizado um fornecimento regular de energia eléctrica, deve ser introduzido um regime de seguro de colheitas na batata, devem ser desenvolvidas medidas eficazes de controlo de pragas e doenças, o preço dos pesticidas e fertilizantes deve ser baixo, devem ser fixados pelo Governo preços mínimos remuneradores.

CAPÍTULO 1

INTRODUÇÃO

A agricultura é uma ocupação muito antiga, útil e importante para o desenvolvimento económico e a criação de emprego na Índia. Mais de sessenta por cento das pessoas dedicam-se à agricultura no nosso país. No entanto, esta contribui apenas com 25 a 26% da produção nacional. Isto indica que a agricultura indiana é muito ineficaz (Mehta, 2002).

Todas as empresas estão basicamente interessadas em aumentar a produtividade. A agricultura, sendo uma empresa, não é exceção a esta situação. Espera-se que os agricultores, enquanto gestores da empresa, obtenham o máximo lucro com os recursos disponíveis. Independentemente do ambiente económico, social, cultural, físico e tecnológico, os agricultores gerem um sistema de produção para obter um retorno, consciente ou inconscientemente.

Um agricultor que seja um bom gestor deve ser capaz de obter tanto lucro com a agricultura como com qualquer outro negócio, se determinar os objectivos. Ao decidir como utilizar os seus recursos produtivos, o agricultor deve guiar-se por determinados objectivos. Muitos agricultores recorrem a métodos tradicionais e seguem o velho modelo de agricultura estabelecido. Os métodos tradicionais desenvolveram-se durante um longo período e foram bem experimentados.

No entanto, as condições em que a agricultura é praticada estão a mudar rapidamente. Para ser eficiente, o agricultor deve estar preparado para aprender e utilizar novos métodos de produção e verdadeiros métodos de agricultura de subsistência (Upton e Anthonio, 1975). Na era atual, o objetivo da maioria dos agricultores deve ser a obtenção de lucros. As culturas devem ser cultivadas apenas para obter lucro e, por conseguinte, a agricultura como negócio significa cultivar para obter lucro, não apenas algum lucro, mas o máximo de lucro possível para satisfazer melhor as necessidades quotidianas.

A Índia é um país de base agrícola. Assim, a economia indiana depende largamente da agricultura. A Índia é o segundo maior produtor de produtos hortícolas do mundo. As culturas hortícolas são também importantes do ponto de vista económico. A procura de produtos hortícolas também tem vindo a aumentar rapidamente nas zonas urbanas, com um aumento gradual do nível de vida, associado ao desenvolvimento das comunicações e dos transportes.

Na Índia, a área cultivada corresponde a cerca de 57,24% da área geográfica total. Esta percentagem é a mais elevada do mundo e não há muita margem para aumentar a terra arável. Tendo em conta este facto, uma das opções que resta para aumentar a produção agrícola no país é melhorar a produtividade por unidade de terra e de tempo. A curta duração e a grande flexibilidade na altura da plantação e da colheita são características valiosas da batata que podem ajudar a ajustar esta cultura em vários sistemas de cultivo intensivo prevalecentes no país. A batata é um artigo saudável da dieta dos seres humanos. Além disso, serve de matéria-prima para vários produtos industriais, como amido, álcool, dextrina, glucose, batatas fritas, flocos, grânulos e papas. A batata é amplamente consumida na Índia, tanto como legume isolado como em conjunto com outros legumes. A batata é também uma das culturas hortícolas mais importantes do nosso país e satisfaz as principais necessidades hortícolas da população.

Atualmente, na Índia, são cultivadas diversas culturas hortícolas. A área estimada de culturas hortícolas no ano 2009-2010 foi de 2,78 milhões de hectares, com uma produção de cerca de 56,6 milhões de toneladas (Anonymous 2010_a). Entre todas as culturas hortícolas, a batata ocupa a área máxima e um lugar especial na agricultura indiana, pelo que é conhecida como o rei dos legumes.

A batata é a única cultura que pode complementar as necessidades alimentares do país de uma forma muito substancial para alimentar quase mil milhões de pessoas. Assim, tendo em conta a importância, o valor e a procura da batata, esta ocupa um lugar especial no atual cenário agrícola. Por conseguinte, o êxito do cultivo da batata exige uma atenção especial por parte dos produtores de batata e dos extensionistas.

A batata *(Solanum tuberosum* L.) é uma das principais culturas hortícolas do mundo. Na Índia, a batata é um dos produtos hortícolas mais importantes, disponível durante todo o ano em todas as partes do país, uma vez que pode ser armazenada durante muito tempo. Esta é também uma importante cultura hortícola do Estado de Gujarat. A produção de batata na Índia em 2009-10 foi de 34,33 milhões de toneladas em 1,82 milhões de hectares, com um rendimento médio de 18,80 toneladas/ha (Anonymous 2010_a). Uttar Pradesh, Bengala Ocidental, Bihar, Assam, Punjab, Gujarat e Himachal Pradesh são os principais estados produtores de batata no país.

Atualmente, a batata é cultivada em quase todas as regiões do país, exceto em Kerala. Atualmente, o cultivo da batata no Estado de Gujarat restringe-se a algumas zonas dos distritos de Ahmedabad, Banaskantha, Vadodara, Gandhinagar, Kheda, Mehsana, Sabarkantha, Panchmahals, Jamnagar e Kutch. Os distritos de Banaskantha ocupam o primeiro lugar no cultivo da batata, com uma área (28 500 ha.) e uma produção (8, 26 500 MT) no ano de 2009-2010 (Anónimo, 2010_c).

A cultura da batata tem um potencial imenso para ser cultivada em Gujarat. A cultura é principalmente cultivada na estação Rabi, tanto no campo como no leito do rio. O estado é muito famoso pelo seu cultivo único e exemplar de batata em condições de leito de rio. Em Gujarat, a batata foi cultivada em 60079 hectares, com uma produção de 16,57 toneladas métricas negras e um rendimento médio de 27,58 toneladas/ha (Anónimo, 2010_b). O norte de Gujarat, particularmente o distrito de Banaskantha, é o principal distrito para a área de cultivo de batata, Deesa é o principal mercado e a principal estação de investigação de batata da Universidade Agrícola de S.D.. A produtividade total foi de 29,00 toneladas/ha.

Por conseguinte, o presente estudo foi concebido para medir a capacidade de gestão dos produtores de batata relativamente ao cultivo científico da batata e descobrir o efeito das variáveis seleccionadas na capacidade de gestão, com os seguintes objectivos

1.1 DECLARAÇÃO DO PROBLEMA

O aumento da produtividade é o principal interesse em todas as empresas, sendo também essencial na agricultura. O agricultor actua como um gestor na utilização de homens, dinheiro, equipamento, materiais e métodos para obter a máxima produção. A sua capacidade de gestão é de importância primordial na sua profissão.

A batata é uma das culturas hortícolas importantes com um longo período de conservação. Tem um imenso potencial de cultivo no distrito e no Estado. A sua produção é também de curta duração e volumosa, envolvendo também um elevado investimento. Por conseguinte, é necessária muita capacidade de gestão para o cultivo da batata. Por isso, pensou-se em estudar a capacidade de gestão dos produtores de batata do distrito de Banaskantha.

O número crescente de estudos científicos sublinha que, atualmente, a gestão não é apenas uma arte, mas também uma ciência. Koontz e O'Donnell (1972) afirmam que "gerir, tal como as práticas... é uma arte". É um "saber-fazer". É fazer as coisas à luz das realidades de uma situação. Mas a prática da gestão, tal como qualquer outra prática, será melhor se fizer uso de conhecimentos organizados subjacentes, quer sejam rudimentares ou avançados, quer sejam exactos ou inexactos, que, na medida em que sejam bem organizados, claros e pertinentes, constituem uma ciência. Assim, a gestão enquanto prática é uma arte; o conhecimento organizado que lhe está subjacente pode ser referido como uma ciência.

A gestão, para efeitos do presente estudo, foi definida como o processo pelo qual o agricultor é capaz de aumentar o rendimento da exploração agrícola numa base sustentada para a realização dos objectivos familiares. Uma gestão eficaz é crucial para obter um rendimento elevado de um sistema de produção numa base sustentada. É essencial que os agricultores e os extensionistas sejam sensibilizados para a necessidade de desenvolver a capacidade de gestão dos agricultores. Num sentido mais lato, a gestão significa a utilização eficaz do homem, do dinheiro, do equipamento, dos materiais e dos métodos (Belshaw, 1974).

As razões prováveis para a baixa produção de batata nesta área são muitas, mas o efeito adverso do clima, bem como a gestão menos científica da batata. Estes afectam a qualidade A OMC (Organização Mundial do Comércio) abriu as perspectivas para a comercialização a nível global se a qualidade for comprometida, então há um espaço limitado para sobreviver no mercado. Hoje em dia, a empresa agrícola está a tornar-se mais complexa e complicada e, por conseguinte, a gestão é a chave para enfrentar estes problemas.

Além disso, os produtores de batata desempenham muitas funções na realização de uma melhor produção, tais como: preparar um plano de trabalho, dar instruções claras, integrar o trabalho, tomar decisões adequadas no momento certo, implementar a decisão, etc. na realização da atividade de gestão no cultivo da batata. Todas as funções acima referidas envolvem, de uma forma ou de outra, muitos componentes de gestão, nomeadamente: planeamento, organização, direção, controlo, relações humanas, liderança, coordenação e tomada de decisões.

Tendo em conta estes factos, considerou-se altamente necessário realizar o estudo intitulado "HABILIDADE DE GESTÃO DOS PRODUTORES DE BATATA DO DISTRITO DE BANASKANTHA" e considerou-se também que valia a pena tentar descobrir o efeito de diferentes variáveis na capacidade de gestão dos produtores de batata relativamente ao cultivo científico da batata.

1.2OBJECTIVOS DO ESTUDO

O presente estudo foi realizado com o objetivo geral de medir a capacidade de gestão dos produtores de batata no que respeita ao cultivo científico da batata. Os objectivos específicos do estudo são os seguintes

1.2. 1Estudar as características seleccionadas dos produtores de batata.

1.2.2 Medir a capacidade de gestão dos produtores de batata na cultura científica da batata.

1.2. 3Averiguar a associação entre características seleccionadas dos produtores de batata e a capacidade de gestão.

1.2. 4Estudar as estratégias de comercialização dos produtores de batata.

1.2.5 Estudar os constrangimentos enfrentados pelos produtores de batata na adoção de práticas científicas de cultivo da batata.

1.2.6Sugestões para ultrapassar os constrangimentos existentes na adoção de práticas científicas de cultivo da batata.

1.3SIGNIFICADO DO ESTUDO

Quando um agricultor gere a cultura da batata, actua como gestor, assumindo as funções multidimensionais de tomada de decisões, planeamento, organização, direção, supervisão, etc. Ele é responsável pela realização de várias operações com membros da família e mão de obra para atingir eficazmente os objectivos máximos de produção. Isto implica satisfazer as necessidades de um vasto conjunto de pessoas.

Pode influenciar o curso da ação e fazer a diferença no trabalho e na vida dos outros de uma forma significativa. Este tipo de trabalho pode exigir uma iniciativa considerável, trabalho árduo, competências, etc. e pode criar stress, ansiedade e dúvidas.

Muitos factores que afectam a capacidade de gestão do produtor de batata no cultivo da batata podem ser organizacionais e sociais, criando um ambiente onde têm de trabalhar. Por outro lado, alguns factores são inteiramente pessoais devido à sua constituição psicológica individual. Por conseguinte, considerou-se que

para determinar os factores associados à capacidade de gestão dos produtores de batata.

Os resultados do presente estudo serão definitivamente úteis para formular as estratégias para aumentar a produção de batata. Além disso, a informação relativa ao conhecimento sobre o cultivo científico da batata fornecerá uma visão do atual "know how" tecnológico dos agricultores. Espera-se também que a informação gerada a partir do estudo seja de grande importância e possa ser útil para os planeadores, administradores, cientistas de investigação e trabalhadores de extensão para reduzir a diferença de rendimento, eliminando os constrangimentos e motivando os agricultores para a gestão de variáveis importantes responsáveis pela gestão da cultura da batata.

Os efeitos directos e indirectos e a extensão da variação causada pelas variáveis independentes na capacidade de gestão dos produtores de batata sobre o cultivo científico da batata no campo seriam de grande utilidade. Os constrangimentos que dificultam a função de gestão e as sugestões para os ultrapassar também serão úteis na conceção de estratégias futuras para uma gestão eficaz da cultura da batata.

Este estudo tem uma utilidade teórica e prática. Os resultados deste estudo contribuirão para o conhecimento do papel do gestor na agricultura e é

útil para medir a capacidade de gestão dos produtores de batata. A capacidade de gestão será considerada em relação a factores como a capacidade de inovação, a motivação para a realização e a capacidade de assumir riscos.

1.4LIMITAÇÕES DO ESTUDO

1.4.1 O estudo limita-se aos produtores de batata do distrito de Banaskantha.

1.4.2 O estudo limita-se a medir apenas a capacidade de gestão dos produtores de batata no que respeita à cultura científica da batata.

1.4.3 Os resultados do presente estudo baseiam-se nas opiniões expressas pelos produtores de batata.

1. 5HIPÓTESES

H.x : Não existe associação entre a idade e a capacidade de gestão da batata produtores.

H.2 : Não existe associação entre a educação e a capacidade de gestão de produtores de batata.

H.3 : Não existe associação entre a participação social e a gestão capacidade dos produtores de batata.

H.4 : Não existe associação entre a participação na extensão e a gestão capacidade dos produtores de batata.

H.5 : Não existe associação entre a posse de terras e a capacidade de gestão de produtores de batata.

H.6 : Não existe associação entre o rendimento anual e a capacidade de gestão de produtores de batata.

H.7 : Não há associação entre o índice de mecanização agrícola e capacidade de gestão dos produtores de batata.

H.8 : Não há associação entre a intensidade da cultura da batata e a gestão capacidade dos produtores de batata.

H.9 : Não existe associação entre potencialidade de irrigação e capacidade de gestão capacidade dos produtores de batata.

H.io : Não existe qualquer associação entre a produção de batata e a capacidade de gestão dos produtores de batata.

H.ii: Não existe associação entre a contração de empréstimos do crédito total e a capacidade de gestão dos produtores de batata.

H.i2 : Não existe associação entre a adoção e a capacidade de gestão dos produtores de batata.

CAPÍTULO 2

REVISÃO DA LITERATURA

Neste capítulo, é apresentada uma breve revisão da literatura relativa ao domínio de investigação abrangido pelo presente estudo, nas seguintes secções: características dos inquiridos.

2.1 Características dos inquiridos.

2.2 Capacidade de gestão dos inquiridos sobre o cultivo científico da batata.

2.3 Associação de características seleccionadas com a capacidade de gestão.

2.4 Estratégias de comercialização dos produtores de batata. .

2.5 Constrangimentos enfrentados pelos inquiridos na adoção de práticas de cultivo científicas.

2.1 CARACTERÍSTICAS DOS INQUIRIDOS

2.1.1 Características pessoais

2.1.1.1 Idade

Rai e Saharia (2004) referiram que a maioria dos inquiridos (60,50%) era de meia-idade, contra 24,00% e 15,50% de idosos e jovens, respetivamente.

Patel (2006) referiu que mais de metade (54,02%) dos inquiridos pertenciam ao grupo etário médio, seguido do grupo etário jovem (40,50%) e do grupo etário idoso (5,50%).

Parmer (2006) referiu que a maioria (45,00%) dos inquiridos se encontrava na faixa etária média.

Patel (2007) revelou que 59,33% das tribos se encontravam no grupo de meia-idade.

Enquanto 22,00 por cento se encontravam no grupo etário mais velho e os restantes 18,67 por cento no grupo etário mais jovem.

Prajapati (2008) revelou que 52,00 por cento das mulheres rurais tribais se encontravam no grupo etário médio, enquanto 28,00 por cento eram jovens. As restantes 20,00 por cento das mulheres rurais tribais encontravam-se no grupo etário mais velho.

Joshi (2009) referiu que a maioria dos agricultores de amaranto em grão era do grupo etário médio.

Suthar (2010) referiu que a maioria dos agricultores (68,00 por cento) pertencia a um grupo de meia-idade.

2.1.1.2 Educação

Vankar (2000) observou que a maioria (66,67%) dos inquiridos tinha instrução até ao nível primário.

Vaghela (2002) verificou que a maioria (92,69%) dos inquiridos pertencia ao grupo etário médio.

Dongardive (2002) revelou que dois quintos dos produtores de malagueta tinham um nível de ensino secundário, enquanto (28,00%) tinham um nível de ensino secundário superior.

Kaid (2004) referiu que a maioria (64,17%) dos agricultores tinha o ensino primário e secundário.

Desai (2005) observou que a maioria dos inquiridos (37,50%) tinha instrução até ao nível primário.

Chaudhari (2007) afirmou que três quartos (75,00%) dos produtores de malagueta tinham o ensino primário e secundário.

Prajapati (2008) revelou que mais de metade (52,00 por cento) dos inquiridos tinham instrução até ao nível primário e 12,00 por cento dos inquiridos tinham instrução até ao nível secundário.

Patel (2011) observou que o maior número de agricultores (41,06%) tinha o ensino secundário, seguido do ensino secundário primário (19,04%).

2.1. 2Características sociais

2.1.2. 1Participação social

Vihol (2002) afirmou que a maioria dos produtores de lima kagzi (90,00%) tinha um nível médio de participação social.

Kaid (2004) revelou que a maioria (54,17%) dos inquiridos era membro de uma organização.

Patel (2006) observou que quase dois quintos dos produtores de malagueta (39,17%) eram membros de uma organização, enquanto (9,17%) dos produtores de malagueta não eram membros de nenhuma organização.

Chaudhari (2007) afirmou que (90%) dos produtores de malagueta estavam associados à sua organização social local.

Prajapati (2008) revelou que a grande maioria (70,00 por cento) das mulheres rurais tribais não participava em nenhuma organização social. Por outro lado, 19,00 por cento dos inquiridos eram membros de uma organização. Apenas 10,00 por cento eram membros de mais do que uma organização.

Kansara (2009) mostrou que quase dois terços (72,22%) dos agricultores com formação e (32,22%) dos agricultores sem formação eram membros de uma organização.

Suthar (2010) relatou que três quintos (60,00 por cento) dos proprietários de gotejadores eram membros de mais de uma organização e (9,00 por cento) não participavam de nenhuma organização. Apenas (6,00 por cento) dos proprietários de gotejadores tinham um cargo na organização.

2.1.2.2Participação na extensão:.

Kawale (2000) referiu que (72,50%) dos inquiridos tinham uma participação média nas actividades de extensão, enquanto (19,17 e 8,33%) dos inquiridos tinham uma participação baixa e alta na extensão, respetivamente.

Logonathan (2002) referiu que os agricultores biológicos participavam melhor nas actividades de extensão.

Bariya (2001) constatou que um pouco menos de três quartos (71,00%) dos inquiridos com formação tinham pouca participação na extensão, enquanto a maioria (90,00%) dos inquiridos sem formação também tinha pouca participação na extensão.

Prajapati (2006) observou que tanto entre os beneficiários (73,33%) como entre os não beneficiários (45,45%) os inquiridos tinham uma participação média na extensão.

Jat (2010) referiu que mais de três quintos dos produtores de trigo (63,89%) tinham uma participação média na extensão.

2.1. 3Características económicas

2.1.3.1Tamanho da exploração fundiária

Vankar (2000) concluiu que a maioria (81,66%) dos inquiridos tinha menos de 4,00 hectares de terra.

Vihol (2002) afirmou que a maioria (48,50%) dos inquiridos cultivava terras de dimensão semi-média.

Solanki (2002) concluiu que a maioria (55,93%) dos inquiridos pertencia a explorações agrícolas de dimensão semi-média a média.

Parmar (2006) inferiu que a maioria (57,00%) dos agricultores tinha mais de 4 hactares de terra.

Chaudhari (2007) afirmou que a maioria dos produtores de malagueta (59,17%) tinha 2 a 4 hectares de terra.

Kansara (2009) constatou que a maioria (58,89%) dos agricultores com formação possuía pequenas explorações agrícolas, enquanto que os agricultores sem formação possuíam explorações agrícolas de dimensão média (64,45%).

Patel (2010) observou que mais de um terço dos inquiridos cultivava uma exploração fundiária média (33,33%), enquanto 31,67% dos inquiridos possuíam uma exploração fundiária pequena.

Patel (2011) referiu que o número máximo de agricultores (36,19 por cento) tinha uma pequena propriedade fundiária.

2.1.3.2 Rendimento anual

Trivedi (2000) referiu que metade dos inquiridos pertencia a um grupo de rendimento anual de nível médio, ou seja, entre 50 000 e 1 000 000 rupias.

Jadav (2001) concluiu que 46,67% dos produtores de cebola pertenciam ao grupo de rendimento anual médio, enquanto 23,33% e 30,00% dos produtores de cebola pertenciam ao grupo de rendimento anual baixo e alto, respetivamente.

Dongardive (2002) revelou que metade (50,00%) dos produtores de malagueta tinha um rendimento baixo, enquanto um terço (33,33%) dos produtores de malagueta tinha um rendimento médio.

Kaid (2004) afirmou que a maioria (76,67%) dos inquiridos pertencia a um grupo de rendimentos de nível médio a elevado, ou seja, entre 15 500 e 34 900 rupias.

Patel (2006) inferiu que a maioria (64,67%) dos inquiridos tinha um rendimento anual de nível médio.

Chaudhari (2007) afirmou que a maioria dos produtores de malagueta (72,50%) tinha um nível médio de rendimento anual.

Athwale (2009) referiu que metade dos produtores de feijão-frade (50,83%) tinha um rendimento anual médio (Rs. 40000/- a 88000/-), seguido de um rendimento anual baixo (30,00%) e de um rendimento anual elevado (19,17%).

2.1.3.3 Índice de mecanização das explorações agrícolas

Kher (1986) relatou que a pontuação média do índice de mecanização agrícola dos produtores de cana-de-açúcar com e sem contacto era de 216,34 e 177,35, respetivamente.

Khodifad (1993) inferiu que a maioria (69,19%) dos inquiridos tinha um índice de mecanização agrícola médio, seguido de 16,50% e 14,31% dos inquiridos que tinham um índice de mecanização agrícola alto e baixo, respetivamente

Patel (1995) indicou que o índice médio de mecanização agrícola dos produtores de amendoim demonstradores e não demonstradores era de 62,93% e 60,97%, respetivamente.

Jadav (2001) resumiu que a maioria (41,67%) dos produtores de cebola pertencia a um grupo de índice médio de mecanização agrícola.

2.1.3.4 Intensidade das culturas

Vankar (2000) inferiu que a grande maioria dos inquiridos das aldeias de sequeiro (80,00 por cento) e das aldeias de regadio (81,67 por cento) tinha uma intensidade de cultivo de 100 a 125 e mais de 175, respetivamente.

Dabhi (2002) relatou que mais de metade (64,00 por cento e 55,00 por cento, respetivamente) dos membros do PIMS e não-membros tinham entre 151 a 200 por cento de intensidade de cultivo.

Athwale (2009) indicou que a maioria dos produtores de feijão-frade (66,67%) tinha um nível médio de intensidade de cultivo, seguido de um nível baixo (17,50%) e de um nível elevado (15,83%) de intensidade de cultivo.

Suthar (2010) relatou que mais de dois terços (70,00 por cento) dos proprietários de gotejamento tinham nível médio de intensidade de cultivo, seguido por alto nível (19,00 por cento) e baixo nível (11,00 por cento) de intensidade de cultivo.

2.1.3. 5Potencialidade de irrigação

Verma (2000) descobriu que a maioria dos inquiridos que cultivavam amendoim (64,06%) tinha um potencial de irrigação médio.

Chhodavadia (2001) observou que a maioria dos inquiridos (67,31%) demonstradores e (61,54%) não demonstradores pertenciam a um potencial de irrigação médio.

Solanki (2002) observou que a maioria (81,11%) dos inquiridos dispunha de instalações de irrigação por poços tubulares.

Kumar (2003) relatou que todos os produtores de algodão Bt. Os produtores de algodão Bt. tinham mais de cem por cento de potencial de irrigação.

Patel (2005) inferiu que a maioria dos agricultores (89,16%) irrigava as suas terras através de poços tubulares.

Patel (2006a) concluiu que (64,00 por cento) dos inquiridos tinham um poço aberto, seguido de 21,00 e 15,00 por cento dos inquiridos que não tinham fonte e tinham um poço tubular, respetivamente.

2.1.3. 6Rendimento da batata

Karamsingh *et al.* (1996) descobriram que as chegadas de batata ao mercado no distrito de Amritsar totalizaram 182,16 mil quintais em 1982-83. Depois de 1989-90, as chegadas mostraram uma tendência decrescente e, durante 1991-92, aumentaram novamente para 210,07 mil quintais.

A variação sazonal dos preços foi mais baixa no mês de fevereiro, 62,29 rupias por quintal no mercado de Amritsar.

2.1.4 Características psicológicas

2.1.4.1 Adoção

Dongardive (2002) verificou que a maioria (83,33%) dos inquiridos tinha um baixo nível de adoção.

Verma e Sharma (2003) referiram que 53,34% do total de inquiridos pertenciam ao grupo de adoção média e 25,83% ao grupo de adoção alta, enquanto 20,83% pertenciam ao grupo de adoção baixa.

Pandya (2004) afirmou que a maioria dos produtores de tamareiras (57,50 por cento) tinha um nível médio de adoção da tecnologia científica de cultivo de tamareiras.

Patel (2004) afirmou que a maioria dos produtores de cal Kagzi (80,83%) tinha um nível médio de adoção da tecnologia recomendada para a produção de cal Kagzi.

Pokar (2008) estudou que a maioria dos agricultores beneficiários (58,57%) e a grande maioria (77,14%) dos agricultores não beneficiários apresentavam um nível médio de adoção da tecnologia de produção de amendoim *da kharif*.

Jat (2010) referiu que a maioria dos inquiridos (77,88%) tinha uma pontuação do quociente de adoção superior a (55,77%) do grau de adoção das práticas recomendadas de armazenagem de grãos de trigo.

2.2 Capacidade de gestão dos inquiridos sobre o cultivo científico dos inquiridos

Patel e Patel (2000) inferiram que a maioria (70,18 %) dos inquiridos possuía um nível médio de capacidade de gestão das medidas fitossanitárias na cultura da malagueta. Um número igual de inquiridos (14,91%) enquadra-se nas categorias de baixo e alto nível de capacidade de gestão.

Nuthall (2001) concluiu que a psicologia da tomada de decisões na perspetiva da gestão agrícola, descreve os esforços da psicologia para mudar os atributos de uma pessoa e considera as estruturas de um programa de investigação destinado a desenvolver métodos para melhorar a capacidade de gestão individual.

Trip *et al* (2002) revelaram que o processo de tomada de decisões de gestão tem sido objeto de uma nova atenção, tanto no estudo teórico como na investigação empírica, o que explica a diferença nos resultados das explorações agrícolas.

Alvorez e Arias (2003) sugeriram que a capacidade de gestão tem implicações importantes no crescimento das explorações agrícolas.

Jadav (2004) revelou que a maioria dos inquiridos (60,00 por cento) se encontrava na categoria de capacidade de gestão média, enquanto 21,50 por cento dos inquiridos se enquadravam na categoria de capacidade de gestão baixa. Os restantes 18,50% dos inquiridos possuíam uma capacidade de gestão elevada.

2.3 Associação das características seleccionadas com a capacidade de gestão

Reddy e Jayaramaiah (1998) afirmaram que a motivação para a realização estava significativamente relacionada com a eficácia no trabalho dos VEO, ao passo que as instalações de trabalho e o envolvimento no trabalho não tinham uma relação significativa com a eficácia no trabalho dos VEO.

Patel e Patel (2000) revelaram que a capacidade de gestão não tem qualquer relação com características enraizadas, como a idade ou a dimensão da propriedade fundiária e as condições económicas. Pelo contrário, está altamente correlacionada com o nível de literacia, a participação social e a participação na extensão. Isto mostra claramente que a capacidade de gestão não está associada a factores enraizados; mas será maior se se mantiver uma maior ligação com as pessoas e a extensão.

Patel (2001) referiu que a qualidade, a disciplina possuída, a formação em gestão recebida, a imagem e as atitudes em relação à extensão estavam positiva e significativamente correlacionadas com a capacidade de gestão da extensão.

2.4 Estratégias de comercialização dos produtores de batata

Kiresur e kumar (1988) estudaram o impacto da regulamentação na comercialização de produtos hortícolas na India. Verificaram que existem dois canais de comercialização comuns através dos quais os produtos hortícolas são vendidos: no canal I - produtor→ agente de comissões cum grossista→ retalhista→ consumidor e no canal II - produtor→ comerciante de aldeia→ agente de comissões retalhista→ consumidor. O canal-1 era popular, através do qual a batata passa dos agricultores para os produtores. No segundo canal, o comerciante a nível da aldeia obtém mais lucros do que os outros agentes de comercialização.

Reddy e Lalith (1994) concluíram que a parte dos produtores na rupia do consumidor atingia 63,42% no canal IV e cerca de 45% nos restantes canais, sendo que a menor dispersão de preços no canal IV se deve provavelmente ao grande volume de transacções.

Indicaram que o canal - IV era o mais eficiente, com o produtor a receber o preço mais elevado e o consumidor a pagar um preço comparativamente baixo em comparação com o outro canal.

Saha e Mukhopadhyay (1998) examinaram os canais de comercialização da batata no distrito de Burdwan, em Bengala Ocidental. Observaram que os canais de comercialização da batata desempenhavam um papel fundamental para os Arathdars na fase inicial da comercialização. O canal que envolve a baixa do excedente total comercializado, dos agricultores para os Arathdars e para os grossistas, representa o canal dominante:

Os retalhistas compram as batatas nas explorações agrícolas ou nos Arathdars e vendem-nas aos consumidores nas suas próprias lojas. Os agricultores efectuam o transporte da colheita, enquanto as restantes funções do mercado são asseguradas pelos Arathdars.

As análises indicam que a batata foi eliminada através de diferentes canais em diferentes regiões, entre os quais o canal - I (produtor→ grossista→ retalhista→ consumidor) e o canal - II (produtor→ retalhista→ consumidor) foram considerados os mais populares.

2.5 Constrangimentos enfrentados pelos inquiridos na adoção de práticas de cultivo científicas

Os constrangimentos são o obstáculo no processo de adoção da tecnologia, tal como as ervas daninhas no fluxo de água no canal de irrigação. Por conseguinte, para obter melhores resultados de qualquer abordagem de extensão, é muito essencial minimizar, tanto quanto possível, os constrangimentos no processo de adoção, pelo que os constrangimentos no fluxo da tecnologia devem ser estudados cuidadosamente e devem ser feitos esforços para os evitar, para uma rápida transferência de tecnologia. As conclusões de vários investigadores são apresentadas a seguir.

Solanki (2002) observou que os principais constrangimentos na adoção da tecnologia de produção de batata recomendada eram

1. Não disponibilidade atempada de sementes puras certificadas melhoradas.
2. Custo elevado das sementes.
3. Custo elevado dos fertilizantes e dos produtos químicos.
4. Não disponibilidade de informação e orientação técnica sobre o pacote de práticas recomendadas.
5. Falta de fontes de irrigação.
6. Carga elevada e fornecimento irregular de energia eléctrica.
7. Os agricultores são economicamente pobres.
8. Não recebeu preços remuneradores pela batata.

Kaid (2004) observou que os principais constrangimentos enfrentados pelos agricultores eram a falta de orientação técnica, mais problemas de doenças e insectos, o facto de o produtor não obter um preço remunerador, a longa duração da cultura, os elevados encargos e o fornecimento irregular de eletricidade.

Patel (2006) referiu que os produtores de malagueta enfrentavam os principais constrangimentos: elevada taxa de eletricidade. Fornecimento irregular de eletricidade, fornecimento irregular de irrigação, indisponibilidade de plântulas saudáveis e falta de aconselhamento técnico atempado.

Chaudhari (2007) concluiu que os principais constrangimentos enfrentados pelos produtores de malagueta eram: elevada taxa de eletricidade. Fornecimento irregular de eletricidade, fornecimento irregular de irrigação, indisponibilidade de plântulas saudáveis e falta de aconselhamento técnico atempado.

Athawale (2009) revelou que os principais constrangimentos enfrentados pelos produtores de ervilha-de-angola na adoção da tecnologia recomendada para a cultura da ervilha-de-angola eram: baixo preço do produto, falta de financiamento, encargos mais elevados dos intermediários, custo elevado das sementes certificadas e indisponibilidade de sementes certificadas, etc.

Jat (2010) referiu que os principais constrangimentos encontrados pelas mulheres agricultoras tribais na adoção da armazenagem recomendada de grãos de trigo foram a não disponibilidade de um local separado para armazenar grãos (93,75%), a falta de formação adequada (79,86%), a falta de informação sobre o controlo químico de pragas de grãos armazenados (76,39%), a falta de conhecimento sobre pragas de grãos armazenados (60,42%) e a falta de financiamento para a compra de caixas metálicas (52,08%), classificadas de um a cinco, respetivamente.

Patel (2010) revelou que os principais constrangimentos enfrentados pelos produtores de rosas na adoção de práticas de cultivo de rosas eram a falta de conhecimento sobre a variedade melhorada (70,00 por cento), o preço não remunerador (65,00 por cento), a fraca facilidade de comercialização (62,50 por cento), a falta de controlo da comissão de mercado do produto da rosa (60,00 por cento) e o elevado custo de transporte (53,33 por cento).

CAPÍTULO 3

METODOLOGIA DE INVESTIGAÇÃO

O estudo científico de qualquer problema exige uma investigação que adopte métodos e procedimentos adequados para se chegar a conclusões fiáveis, imparciais e práticas. Este capítulo trata dos métodos e procedimentos adoptados na realização do estudo. Descreve e clarifica os métodos utilizados para medir as variáveis dependentes e independentes e as técnicas seguidas para a recolha e análise de dados. A metodologia é descrita nas secções seguintes.

111.1 Identificação do problema

111.2 Área de estudo

111.3 Conceção da investigação

111.4 Técnica de amostragem

111.5 Seleção de variáveis

111.6 Medição da variável dependente (capacidade de gestão)

111.7 Medição de variáveis independentes

111.8 Instrumentos e técnicas de recolha de dados

111.9 Pré-teste do programa de entrevistas

3.10Método de recolha de dados

3. 11Procedimentos estatísticos utilizados para a análise dos dados

3.1 IDENTIFICAÇÃO DO PROBLEMA

A batata é uma das culturas hortícolas mais importantes do distrito de Banaskantha, no estado de Gujarat. A batata é cultivada em 60079 ha com uma produção de 16,57 toneladas métricas. A produção mais elevada de um agricultor progressista foi de 87 toneladas/ha. Existe uma grande diferença entre a produção média e a produção mais elevada obtida pelo agricultor com as melhores práticas de gestão. Por conseguinte, a gestão desempenha um papel significativo no processo de produção. A batata é uma importante cultura hortícola de curta duração. Se a capacidade de gestão dos agricultores aumentar, pode aumentar a produção de batata. Assim, esta função dá aos agricultores de uma dada empresa a oportunidade de se esforçarem ao máximo para mostrarem o seu valor. Esta atividade também exige um bom nível de capacidade dos diferentes níveis de gestores envolvidos no processo de gestão da cultura da batata.

3.2 ÁREA DE ESTUDO

Decidiu-se realizar este estudo no distrito de Banaskantha com as seguintes considerações. Banaskhantha foi selecionado para o estudo porque possui o maior número de produtores de batata neste distrito do estado de Gujarat. Tem a maior área e produção (28.500 ha de área e 8.265 Lack M.T) no estado. (2009-10).

3.3 CONCEPÇÃO DA INVESTIGAÇÃO

O presente estudo limitou-se à conceção de investigação ex-post facto. O significado literal de ex-post facto é o que é feito depois. Significa algo feito ou que ocorre depois de um acontecimento com um efeito retrospetivo do acontecimento. A conceção de investigação ex-post facto é uma investigação empírica sistemática em que o investigador não tem controlo direto sobre as variáveis independentes porque as suas manifestações já ocorreram.

3.4 TÉCNICA DE AMOSTRAGEM

Foi utilizada a técnica de amostragem por objetivo para a seleção dos distritos e talukas e o método de amostragem aleatória para a seleção das aldeias e dos inquiridos.

Numa primeira fase, foi selecionado um distrito da zona. Na segunda fase, foram seleccionados os talukas do distrito. A seleção do distrito e das talukas baseou-se na maior área cultivada com batata.

3.4.1 SELECÇÃO DO DISTRITO

O distrito de Banaskantha foi selecionado propositadamente por ser o mais elevado em termos de produção por área e por ocupar a primeira posição no estado. (Direção da Agricultura, Estado de Gujarat, Krishi Bhavan, 2009 - 10).

Quadro: 1 Estimativa da área total e da produção de batata no Estado de Gujarat 2009 -10

Sr.No	Name of district	potato	
		Area(ha)	Production(M.T.)
1	Ahmedabad	33	924
2	**Banaskantha**	**28500**	**826500**
3	Narmada	6	126
4	Gandhinagar	4407	145431
5	Jamnagar	950	16435
6	Kutch	266	5053
7	Kheda	6813	136260
8	Anand	6000	198000
9	Mehsana	5290	107948
10	Patan	560	12740
11	Panchmahal	200	3000
12	DAhod	30	600
13	Sabarkantha	6300	189630
14	Surendranagar	60	1080
15	Baroda	664	13280
Total		**60079**	**1657007**

3.4.2 SELECÇÃO DO TALUKA

Foram identificados três talukas com maior produção de batata, com base em informações obtidas no gabinete do Diretor Adjunto da Agricultura, Extensão, District Panchayat, Palanpur.

Quadro: 2 Estimativa da área total e da produção de batata no distrito de Banaskantha em 2009-10

Sr.No	Name of Taluka	potato	
		Area(ha)	Production(M.T.)
1	PALANPUR	250	7250
2	VADGAM	100	2900
3	**DEESA**	**24310**	**704990**
4	DANTA	100	2900
5	KANKREJ	300	8700
6	**DHANERA**	**640**	**18560**
7	BHABHAR	0	0
8	DEODAR	200	5800
9	THARAD	100	2900
10	VAV	0	0
11	**DANTIWADA**	**2400**	**69600**
12	AMIRGADH	100	2900
Total		**28500**	**826500**

Dos 12 talukas do distrito, foram seleccionados propositadamente para o estudo os talukas de Deesa, Dhanera e Dantiwada. Uma vez que estes três talukas ocupavam uma área maior de cultivo de batata do que os outros talukas do distrito de Banaskantha (quadro 2)

3.4.3SELECÇÃO DAS ALDEIAS

Para a seleção das aldeias, foi preparada uma lista de aldeias produtoras de batata para cada taluka. Foram seleccionadas quatro aldeias pelo método de amostragem aleatória. Assim, foram seleccionadas para o estudo um total de 12 aldeias, como se mostra no quadro 3.

Quadro: 3 DISTRIBUIÇÃO DOS INQUIRIDOS POR TALUKA E POR ALDEIA

Sr. No.	Name of the Taluka	Name of the Villages	Respondents interviewed
1.	Deesa	Nani Akhol	10
2.	Deesa	Ranpur	10
3.	Deesa	Malgadh	10
4.	Deesa	Pamru	10
5.	Dantiwada	Nilpur	10
6.	Dantiwada	Fatepura	10

7.	Dantiwada	Jorapura	10
8.	Dantiwada	Kheda	10
9.	Dhanera	Aeta	10
10.	Dhanera	Runi	10
11.	Dhanera	Anapura Chota	10
12.	Dhanera	Jadiya	10
Total			120

3.4.4 SELECÇÃO DOS INQUIRIDOS

Foi preparada uma lista de agricultores que cultivam batata, por aldeia, e foram seleccionados aleatoriamente 10 agricultores de cada aldeia. Assim, a amostra final do estudo é constituída por 120 agricultores.

3.5 SELECÇÃO DE VARIÁVEIS

A seleção das variáveis incluídas no estudo foi feita com base na revisão da literatura sobre gestão, na consulta de membros do corpo docente da Extension Education, da Agril Economics e de membros do comité consultivo. Finalmente, as variáveis seleccionadas para o estudo foram enumeradas a seguir.

Tabela: 4 Lista das variáveis seleccionadas para o estudo

Sr. No	**Variables**		**Measurement technique**
Independent Variables			
1	**Personal variable**		
	1.	Age	Chronological age of the respondent
	2.	Education	Structure schedule developed
2	**Social variable**		
	1.	Social participation	Structure schedule developed
	2.	Extension Participation	Scale of Siddaramaiah and Jalihal (1983)
3	**Economic variable**		
	1.	Size of land holding	Structure schedule developed
	2.	Annual income	Structure schedule developed

	3.	Farm mechanization	Scale of Singh and Singh (1970)
	4.	Potato crop intensity	Structure schedule developed
	5.	Irrigation potentiality	Total area of irrigation in hectare
	6.	Potato yield	Yield obtained (tones/ha)
	7.	Borrowing of total credit	Index of borrowing of total credit (Samanta, 1977)
4	**Psychological Variable**		
	1	Adoption	Adoption quotient developed by Chattopadhyay (1974) was used
Dependent variable			
	1	Manegiral Ability	Scale developed by Jadav (2004) with due modification

3.6 MEDIÇÃO DA VARIÁVEL DEPENDENTE

A gestão tem sido definida de várias formas: (1) Segundo Harold Koontz, "a gestão é a arte de fazer as coisas através e com pessoas em grupos formalmente organizados". É a arte de criar um ambiente em que as pessoas possam atuar como indivíduos e, ao mesmo tempo, cooperar para atingir os objectivos do grupo. (2) A capacidade de uma pessoa realizar uma determinada atividade apesar das dificuldades. (3) Utilizar os recursos de que dispomos para obter o máximo. (4) A capacidade de uma pessoa utilizar as técnicas e as competências para planear, programar, orientar, supervisionar e organizar os recursos (humanos, materiais e financeiros).

No presente estudo, a gestão da batata foi operacionalizada como a capacidade dos produtores de batata de aplicar os princípios básicos de gestão no cultivo científico da batata. Isto foi medido com alguns componentes seleccionados (função) da gestão.

Os investigadores neste domínio utilizaram diferentes critérios para medir o desempenho dos gestores. Mitchell (1979) utilizou a classificação (perceção) dos professores para estudar a eficácia dos directores nas escolas primárias. No presente estudo, a capacidade de gestão dos produtores de batata foi medida pela escala de desempenho dos indicadores. A fim de identificar os componentes básicos da capacidade de gestão, foi recolhido um bom número de indicadores e subindicadores relativos à capacidade de gestão dos produtores de batata através da revisão da literatura, correspondência com peritos e discussões com especialistas em gestão da extensão. Um número total de 9 indicadores principais e 47 sub - indicadores foram seleccionados provisoriamente como possíveis indicadores e sub - indicadores da capacidade de gestão dos produtores de batata. Para medir a capacidade de gestão dos produtores de batata sobre o cultivo científico da batata, a escala desenvolvida por Jadav (2004) para o efeito foi aplicada com as devidas modificações. A pontuação atribuída a estas equações de acordo com a sua importância. A fórmula utilizada para calcular o índice de capacidade de gestão (IMC) foi a seguinte

$$\text{MAI}= \frac{\Sigma \text{ Pontuação obtida para o indicador}^{x} \text{ Valor do indicador na escala}}{\Sigma \text{ Pontuação máxima do indicador}^{x} \text{ Valor do indicador na escala}} \text{x100}$$

Foi calculado o índice de capacidade de gestão de cada produtor de batata. O índice final de capacidade de gestão dos produtores de batata foi determinado pela média do índice dos respectivos produtores de batata. Em seguida, os produtores de batata foram classificados em três categorias com base na média e no desvio-padrão, a saber

Baixa capacidade de gestão= (Média-D .S.)

Capacidade de gestão média= (Média ± S.D.)

Elevada capacidade de gestão= (Média+S .D.)

3.7 MEDIÇÃO DE VARIÁVEIS INDEPENDENTES

3.7.1 Variáveis pessoais

3.7.1.1 Idade

A idade dos produtores de batata é operacionalizada como os anos civis completos, arredondados para a unidade mais próxima, na data da resposta. Foi dada uma pontuação para cada ano completo. Os produtores de batata foram classificados em três grupos, a saber

Sr.	Category	Age
1.	Young	35 years
2.	Middle	36 to 45 years
3.	Old	Above 45 years

3.7.1. 2Educação

O nível de educação foi medido como o nível de literacia em termos do nível de ensino que se ultrapassou. Foi atribuída uma pontuação a cada nível de ensino. Os produtores de batata foram classificados em quatro categorias, como se segue.

Sr. No.	Level of Education	score
1.	Illiterate	0
2.	Primary (up to 7th standard)	1
3.	Secondary ($8 - 10^{th}$ standard)	2
4.	Higher Secondary education (above 10th standard)	3

3.7. 2Variáveis sociais

3.7.2. 1Participação social

Os produtores de batata foram questionados sobre a sua associação a várias organizações dentro e fora da sua aldeia. Foram atribuídas pontuações diferentes para a participação em cada organização, de acordo com a importância dessa organização num determinado contexto, e mais uma pontuação foi atribuída para a posição ocupada numa organização. Os produtores de batata foram agrupados em três categorias com base na média e no desvio padrão.

Sr. No.	Category	Scores
1.	Low Participation	< Mean – S. D.
2.	Medium Participation	In between Mean ± S.D.
3.	High Participation	> Mean + S.D.

3.7.2.2 Participação na extensão

Foi medido com a ajuda de uma escala desenvolvida por Siddaramaiah e Jalihal (1983). A escala consiste em oito itens com diferentes valores de escala administrados aos inquiridos e obtém informações sobre a participação dos produtores de batata em diferentes actividades de extensão durante o período de um ano anterior. A pontuação de participação na extensão de um indivíduo de produtores de batata foi a soma total do valor da escala dos itens em que os produtores de batata participaram.

$$\text{Participação na extensão Índice} = \frac{\text{Valor real da pontuação total}}{\text{Valor da pontuação total possível}} \times 100$$

De acordo com o índice de participação dos produtores de batata na extensão, a média e o desvio padrão foram calculados e os inquiridos foram agrupados em três categorias.

Sr. No.	Category	Scores
1.	Low Extension Participation	< Mean – S. D.
2.	Medium Extension Participation	In between Mean ± S.D.
3.	High Extension Participation	> Mean + S.D.

3.7. 3Variáveis económicas

3.7.3.1Tamanho da exploração fundiária

Foi medida com a ajuda de um calendário estruturado com base no total das terras exploradas pelo inquirido. Os inquiridos foram agrupados em três categorias, a saber

Sr.	Category	Land holding (ha)
1.	Small	Up to 2.0 ha
2.	Medium	2.01 to 5.0 ha
3.	Large	More than 5.0 ha

3.7.3.2 Rendimento anual

Os dados recolhidos junto dos inquiridos sobre o seu rendimento anual foram tabulados e os inquiridos foram classificados em três categorias, com base num calendário estruturado.

Sr.	Category	Annual income (rupees)
1.	Low annual income	Up to Rs. 50,000
2.	Medium annual income	Rs.50,001 to 1,00,000
3.	High annual income	Above Rs. 1,00,000

***3.73.3* Índice de mecanização das explorações agrícolas**

Para medir o índice de mecanização agrícola dos produtores de batata, foi utilizado o índice desenvolvido por Singh e Singh (1970) com ligeiras modificações.

$$FMI = \sum_{i=1}^{n} Wi \times ni \times ti$$

Onde,

FMI = Índice de mecanização agrícola

Wi= Ponderação do i^{th} item possuído pelo inquirido

ni = O número do item i^{th} possuído por um produtor individual de batata

ti = O período total, em anos, em que o i^{111} item foi possuído

n= Número total de itens seleccionados

Σ= Somatório

A pontuação obtida por cada inquirido é calculada através da fórmula acima mencionada. Os inquiridos foram agrupados em três categorias, com base na média e no desvio-padrão, do seguinte modo

Sr.	Category	Scores
1.	Low FMI	< Mean – S. D.
2.	Medium FMI	In between Mean ± S.D.
3.	High FMI	> Mean + S.D.

3.7.3.4 Intensidade da cultura da batata

Foi medida em percentagem da proporção da superfície total cultivada com batata em relação à dimensão da exploração cultivável. Foi mencionada em percentagem da proporção da superfície total de batata em relação ao padrão de cultivo existente. É utilizada a seguinte fórmula.

$$\text{Intensidade da cultura da batata} = \frac{\text{Área bruta da cultura da batata}}{\text{Superfície bruta da cultura}} \text{X } 100$$

A pontuação obtida por cada inquirido foi calculada através da fórmula acima referida. Os inquiridos foram agrupados em três categorias com base na média e no desvio-padrão. Baixa (média - desvio padrão), média (média ± DP) e alta (média + DP)

Sr. No.	Category	Scores
1.	Low potato crop intensity	< Mean – S. D.
2.	Medium potato crop intensity	In between Mean ± S.D.
3.	High potato crop intensity	> Mean + S.D.

3.73.5 Potencialidade de irrigação

Como a batata é cultivada como cultura hortícola irrigada Rabi. Por conseguinte, foi recolhida informação sobre o método de irrigação utilizado pelos produtores de batata. Os produtores de batata foram categorizados em três grupos com base na média e no desvio padrão.

Sr.	Category	Scores
1.	Low irrigation potentiality	< Mean – S. D.
2.	Medium irrigation potentiality	In between Mean ± S.D.
3.	High irrigation potentiality	> Mean + S.D.

3.7.3.6 Rendimento da batata

Os produtores de batata foram convidados a mencionar o rendimento total da batata. O cálculo foi efectuado com base na relação entre a superfície total cultivada com batata e o rendimento total obtido. Os produtores de batata foram classificados em categorias.

Sr.	Category	Scores
1.	Low potato yield	< Mean – S. D.
2.	Medium potato yield	In between Mean ± S.D.
3.	High potato yield	> Mean + S.D.

1.1.1 *1* Contração de empréstimos do crédito total

O montante total emprestado anualmente por um agricultor para a compra de vários factores de produção para a gestão das culturas pode ser considerado como o seu crédito de gestão total. É a proporção entre o montante total emprestado anualmente de diferentes fontes e as necessidades totais de dinheiro para a gestão das culturas por hectare e por ano, expressa em percentagem. O índice foi calculado da seguinte forma.

$$\text{Índice de endividamento Da gestão total = Crédito} = \frac{\text{Montante total dos empréstimos contraídos anualmente por diferentes fontes para a gestão}}{\text{Necessidades anuais totais de tesouraria para a gestão}} \times 100$$

Os produtores de batata foram classificados em três categorias, a saber

Sr.	Category	Scores
1.	Low	< Mean – S. D.
2.	Medium	In between Mean ± S.D.
3.	High	> Mean + S.D.

3.7.4 Variáveis psicológicas

3.7.4.1 Adoção

A adoção é o grau em que uma pessoa adopta efetivamente uma prática à escala real. Para medir o grau de adoção de várias práticas recomendadas para a cultura da batata, foi desenvolvido um calendário estruturado. Uma lista de práticas recomendadas a serem seguidas no caso da cultura da batata foi preparada em consulta com os cientistas agrícolas e a literatura disponível. Foram feitas perguntas aos inquiridos para saber se as estavam a seguir ou não. A cada pergunta relativa a uma prática recomendada foi atribuída uma pontuação de 0 e 1 para nenhuma adoção e adoção completa, respetivamente. O nível geral de adoção de um inquirido foi determinado utilizando o quociente de adoção (QA) desenvolvido por Chattopadhyay (1974).

$$\text{Quociente de Adoção} = \frac{\text{Número de práticas utilizadas}}{\text{Número de práticas recomendadas}} \times 100$$

O quociente de adoção foi calculado para cada inquirido e os produtores de batata foram classificados em três níveis de adoção.

Sr.	Category	Range
(1)	Low	< Mean – S. D.
(2)	Medium	In between Mean ± S.D.
(3)	High	> Mean + S.D.

3.8 INSTRUMENTOS E TÉCNICAS UTILIZADOS PARA A RECOLHA DE DADOS

Os principais instrumentos e técnicas utilizados no presente estudo foram o programa de entrevistas e as escalas e índices adequados para medir as variáveis dependentes e independentes.

3.9 PRÉ-TESTE DO PROGRAMA DE ENTREVISTAS

O pré-teste do programa de entrevistas foi feito para descobrir se as perguntas eram claras para os inquiridos ou não. Antes de finalizar o programa de entrevistas, este foi pré-testado através de entrevistas a doze produtores de batata não incluídos na amostra das aldeias seleccionadas.

3.10 MÉTODO DE RECOLHA DE DADOS

Para a recolha de dados, foi utilizado um guião de entrevista estruturado pré-testado. Inicialmente, o programa de entrevistas foi preparado após discussão com um grupo de peritos, tendo sido efectuadas as alterações necessárias. Os dados foram recolhidos através de entrevistas pessoais pelo investigador, utilizando o programa de entrevistas final.

3.11 MÉTODO ESTATÍSTICO UTILIZADO PARA A ANÁLISE DOS DADOS

Para a interpretação e a realização de inferências, foram utilizados no presente estudo os seguintes métodos estatísticos

3.11.1 Percentagem

As comparações simples foram efectuadas com base na percentagem.

3.11.2 Média (X)

Este valor foi obtido através da pontuação total dividida pelo número de inquiridos.

$$\overline{X} = \frac{\Sigma X_i}{n}$$

Onde,

$\overline{X}$ =Média geral
ΣX_i =Valores observados
n=Número de observações

3.11. 3Desvio-padrão (S)

Foi obtido pela raiz quadrada da média do desvio quadrático da média. A fórmula é a seguinte:

$$\mathbf{S.D.} = \sqrt{\frac{\sum(\mathbf{Xi} - \bar{\mathbf{X}})^2}{\mathbf{n} - \mathbf{1}}}$$

Onde,

S. D. =Desvio padrão ,
Xi=Pontuação individual ,
X=Média da pontuação,
n=Número total de inquiridos.

3.11.4Co-eficiente de correlação (r)

O coeficiente de correlação de Pearson foi utilizado para medir a relação entre variáveis independentes e dependentes. Foi utilizada a seguinte fórmula:

$$\mathbf{r} = \frac{\mathbf{n}\sum \mathbf{XY} - (\sum \mathbf{X})(\sum \mathbf{Y})}{\sqrt{[\mathbf{n}\sum \mathbf{X}^2 - (\sum \mathbf{X})^2] \quad [\mathbf{n}\sum \mathbf{Y}^{2-} (\sum \mathbf{Y})^2]}}$$

Onde, r= Coeficiente de correlação,
n= Número de observações,
X= Variável independente,
Y= Variável dependente.

CAPÍTULO 4

RESULTADOS E DISCUSSÃO

O principal objetivo do presente estudo foi desenvolver e normalizar uma escala objetiva para medir a capacidade de gestão dos produtores de batata. Os resultados são, por conseguinte, organizados com o objetivo principal de medir a capacidade de gestão dos produtores de batata relativamente à cultura da batata. Os resultados são apresentados nas secções seguintes.

4.1 Características dos inquiridos

4.2 Capacidade de gestão dos inquiridos sobre a cultura científica dos produtores de batata

4.3 Associação das características seleccionadas com a capacidade de gestão

4.4 Estratégias de comercialização adoptadas pelos produtores de batata

4.5 Constrangimentos enfrentados pelos inquiridos na adoção da cultura científica práticas

4.6 Sugestões para ultrapassar os constrangimentos na adoção de práticas científicas de cultivo da batata

4.1 Características dos inquiridos

4.1.1 Características pessoais

4.1.1.1 Idade

A idade dos inquiridos foi registada em anos cronológicos completados no momento da entrevista. Os inquiridos foram divididos em três grupos etários: jovens (até 35 anos), médios (36 a 45 anos) e idosos (mais de 45 anos).

Os dados apresentados no Quadro 5 indicam que mais de metade (50,53%) dos inquiridos se encontrava na faixa etária intermédia, enquanto 30,00% se encontravam na faixa etária avançada. Os restantes 19,17% dos inquiridos pertenciam ao grupo etário jovem.

Quadro 5: Distribuição dos inquiridos de acordo com a sua idade

(n = 120)

Sr.	Category	Frequency	Percentage
1	Young (up to 35 years)	23	19.17
2	Middle (36 to 45 years)	61	50.83
3	Old (above 45 years)	36	30.00
	Total	120	100.00

Pode concluir-se dos resultados acima referidos que mais de dois terços (80,83%) dos inquiridos pertenciam ao grupo etário médio e idoso, o que pode dever-se ao facto de, geralmente, no sistema social rural, o chefe de família, que na maioria dos casos é de meia-idade ou idoso, tomar as decisões relativas à agricultura, o que está em conformidade com as conclusões de Parmar (2006), Prajapati (2008), Joshi (2009) e Suthar (2010).

4.1.1.2Educação :

A educação é um dos ingredientes mais importantes do desenvolvimento dos recursos humanos porque promove o crescimento económico, ajuda a transformar a sociedade e liberta-a do tradicionalismo e do conservadorismo. Torna as pessoas prontas para a mudança, alterando atitudes e hábitos tradicionais e proporcionando mais competências e conhecimentos. Por conseguinte, é importante conhecer o nível de educação dos produtores de batata. Para este efeito, foram recolhidos dados relevantes. Os inquiridos foram agrupados em quatro categorias, de acordo com o seu nível de educação: analfabetos (incapazes de ler ou escrever), nível de educação primária (até 7th std), nível de educação secundária (5th a 10th std) e nível de educação superior (acima de 10th std).

Os dados do quadro 6 revelam que 36,67% dos produtores de batata tinham habilitações literárias até ao nível secundário, enquanto 30,83% e 26,67% dos produtores de batata tinham habilitações literárias até ao nível secundário.

tinham o ensino primário e o ensino secundário e superior

respetivamente. Apenas 5,83% dos inquiridos eram analfabetos.

Quadro 6: Distribuição dos inquiridos de acordo com a sua escolaridade

(n = 120)

Sr.	Category	Frequency	Percentage
1	**Illiterate (Unable to read or write)**	7	5.83
2	Primary level of education (up to 7th std)	37	30.83
3	Secondary level of education (5th to 10th std)	44	36.67
4	Higher level of education (above 10th std)	32	26.67
	Total	120	100.00

Pode resumir-se que a maioria (63,64%) dos produtores de batata tinha mais do que o nível secundário de educação e o nível superior de educação.

A razão provável para esta constatação pode ser o facto de 70,00% dos produtores de batata serem jovens e de meia-idade, podendo ser beneficiados com as instalações educativas existentes na zona.

Resultados semelhantes foram registados por Dongardive (2002), Kaid (2004) e Chaudhari (2007).

4.1. 2Características sociais

4.1.2. 1Participação social

No que diz respeito ao estudo da participação social, os produtores de batata foram questionados sobre o seu envolvimento social, de acordo com a informação registada e a pontuação obtida, tendo sido estratificados como (1) baixa participação social, (2) média participação social e (3) alta participação social.

Os dados apresentados no Quadro 7 revelaram que mais de metade (53,33%) dos inquiridos tinha uma participação social média, seguida de uma participação social elevada (26,67%) e de uma participação social baixa (20,00%), respetivamente.

Quadro 7: Distribuição dos inquiridos de acordo com a participação social
(n = 120)

Sr.	Category	Frequency	Percentage
1	Low (below 3.94score)	24	20.00
2	Medium (3.94 to 7.26 score)	64	53.33
3	High (above 7.26)	32	26.67
	Total	120	100.00

Média = 5,6D .S. = 1,66

Pode resumir-se a partir dos dados da tabela 7 que a maioria dos produtores de batata tinha uma participação social média.

Os produtores de batata eram membros da sociedade cooperativa da aldeia e da sociedade cooperativa dos produtores de leite, independentemente da dimensão da sua exploração. Isto pode dever-se ao facto de os produtores de batata poderem ser membros de organizações cooperativas bem estabelecidas na região norte de Gujarat. Constatações semelhantes foram observadas por Kaid (2004), Patel (2006), Prajapati (2008) e Kansara (2009).

4.1.2. 2Participação na extensão :

A participação na extensão refere-se ao grau de envolvimento dos agricultores em várias actividades de extensão, com vista a obter informações, conhecimentos e competências relacionados com a agricultura e domínios afins.

Foi medida com a ajuda da escala de participação na extensão desenvolvida por Siddaramaiah e Jalihal (1983).

A escala foi administrada aos inquiridos para obter informações sobre a sua participação em diferentes actividades de extensão durante os últimos dois anos.

No que diz respeito ao estudo da participação na Extensão, os produtores de batata inquiridos foram estratificados como (1) baixa participação na Extensão, (2) média participação na Extensão e (3) alta participação na Extensão.

Os dados relativos à participação na extensão são apresentados no Quadro 8 e revelam que 61,67% dos produtores de batata têm uma participação média na extensão, enquanto 25,00% e 13,33% deles têm uma participação baixa e alta na extensão, respetivamente.

Quadro 8: Distribuição dos inquiridos de acordo com a participação na extensão (n = 120)

Sr.	Category	Frequency	Percentage
1	Low (below 5.42score)	30	25.00
2	Medium (5.42 to 19.24 score)	74	61.67
3	High (above 19.24)	16	13.33
	Total	120	100.00

Média = 12,33D .S. = 6,91

Pode inferir-se dos dados acima referidos que a maioria dos produtores de batata tem um nível médio de participação na extensão.

A razão provável para esta conclusão pode ser que os contactos frequentes dos produtores de batata com os funcionários de extensão do SDAU, KVKs e Potato Research Station, uma vez que estas instituições se encontram na área de estudo, podem tê-los encorajado a participar mais nas actividades de extensão, o que está em conformidade com as conclusões de Chothani (1999), Kawale (2000), Bariya (2001) e Prajapati (2006).

4.1.3 Variáveis económicas

4.1.3.1 Dimensão da exploração agrícola

As informações relativas às terras passadas pelos inquiridos foram recolhidas e tabuladas. Os inquiridos foram classificados em três categorias, de acordo com a dimensão das suas terras, a saber: (1) pequena (até 2,0 ha), (2) média (2,1 a 5,0 ha) e (3) grande (acima de 5,0 ha).

O quadro 9 mostra claramente que 45,00 por cento dos inquiridos tinham 2 a 5 ha de terra e 31,67 por cento tinham mais de 5 ha de terra, enquanto apenas 23,33 por cento dos produtores de batata tinham até 2 ha de terra.

Quadro 9: Distribuição dos inquiridos de acordo com a dimensão da exploração fundiária

(n = 120)

Sr.	Category	Frequency	Percentage
1	Small (Up to 2.0 ha)	28	23.33
2	Medium (2.1 to 5.0)	54	45.00
3	Large (above 5.0 ha)	38	31.67
	Total	120	100.00

Pode concluir-se que um maior número de produtores de batata possui uma exploração agrícola de dimensão média.

Mais de 76,67% dos inquiridos pertenciam à categoria de proprietários de terras de média e grande dimensão. A razão provável pode ser o facto de, num taluka (Deesa), os inquiridos possuírem batatas de grande dimensão, enquanto noutro taluka (Dantiwada e Dhanera) os inquiridos pertenciam ao grupo de proprietários de terras de pequena dimensão. As conclusões de Vankar

(2000) e Vihol (2002) estão em conformidade com as presentes conclusões, ao passo que as conclusões de Solanki (2002) e Parmar (2006) diferem das presentes conclusões.

4.1.3.2 Rendimento anual

O rendimento refere-se ao rendimento bruto anual dos agricultores proveniente de todas as fontes. Normalmente, acredita-se que os agricultores com rendimentos elevados geralmente investem mais no desenvolvimento da agricultura, o que os leva a uma maior adoção de novas tecnologias. Com base no rendimento anual, os produtores de batata foram categorizados em três grupos: baixo, médio e alto.

Os dados apresentados no Quadro 10 revelaram que 47,50% dos produtores de batata pertenciam ao grupo de rendimento anual médio, enquanto 30,83 e 21,67% dos produtores de batata pertenciam ao grupo de rendimento anual alto e baixo, respetivamente.

Quadro 10 : Distribuição dos inquiridos de acordo com o seu rendimento anual (n = 120)

Sr.	Category	Frequency	Percentage
1	Lower (Us to Rs.50,000)	26	21.67
2	Medium (Rs. 50,001 to 1,000,00)	57	47.50
3	High (Above Rs.1,00,000)	37	30.83
	Total Rs.	120	100.00

Média = 215391.66S .D. = 127172.89

Os dados revelam que a maioria (76,67%) dos inquiridos tinha um grupo anual médio a elevado.

Esta conclusão está em conformidade com as conclusões de Trivedi (2000) e Jadav (2001) e difere das conclusões de Kaid (2004) e Athwale (2009).

4.1.3. 3Índice de mecanização das explorações agrícolas :

A cultura da batata implica a utilização de várias máquinas agrícolas. Assim, a informação sobre a mecanização agrícola foi recolhida e analisada e, finalmente, os inquiridos foram classificados em três categorias, de acordo com o seu índice de mecanização agrícola: (1) baixo, (2) médio e (3) alto índice de mecanização agrícola.

Os dados apresentados no Quadro 11 revelaram que a maior percentagem dos inquiridos (67,50 por cento) tinha um índice de mecanização agrícola médio. Seguiram-se 20,00 e 12,50 por cento dos inquiridos que tinham um índice de mecanização agrícola alto e baixo.

índice de mecanização agrícola, respetivamente. Pode inferir-se que a maioria das batatas tinha um índice de mecanização agrícola médio.

Tabela 11: Distribuição dos inquiridos de acordo com o índice de mecanização da exploração (n = 120)

Sr.	Category	Frequency	Percentage
1	Low (below 6.0 score)	15	12.50
2	Medium (6.0 to 17.0 score)	81	67.50
3	High (above 17.0 score)	24	20.00
	Total	120	100.00

Média = 11,33D.S. = 6,18

As modernas alfaias agrícolas tornam as diferentes operações agrícolas mais rápidas e baratas na cultura da batata, o que ultrapassa os problemas de mão de obra nas operações de plantação e colheita, podendo ser a razão para um índice de mecanização agrícola médio a elevado.

As conclusões de Khodifad (1993) e Patel (1995) estão em conformidade com as presentes conclusões.

4.1.3. 4Intensidade da cultura da batata

A intensidade da cultura da batata indica a intensidade da terra utilizada pelos produtores de batata para o cultivo da batata. Significa as práticas de cultivo de batata para extrair o máximo de rendimento de um determinado pedaço de terra através do cultivo de batata no ano. Os dados relativos à intensidade da cultura da batata são apresentados no Quadro 13. Os dados apresentados no Quadro 12 indicam claramente que 69,17 por cento dos produtores de batata tinham uma intensidade média de cultura da batata; enquanto 18,33 por cento e 12,50 por cento tinham uma intensidade alta e baixa de cultura da batata, respetivamente.

Quadro 12 : Distribuição dos inquiridos de acordo com a intensidade da cultura da batata (n = 120)

Sr. No.	Category	Frequency	Percentage
1	Low (below 47.65 score)	15	12.50
2	Medium (47.65 to 74.25 score)	83	69.17
3	High (above 74.25 score)	22	18.33

Média = 60,95S .D. = 13,30

Pode resumir-se que a maioria dos inquiridos tinha uma intensidade de cultura de batata média.

Esta constatação está em conformidade com as conclusões de Dabhi (2002), Athwale (2009) e Suthar (2010).

4.1.3. 5Potencialidade de irrigação

Como a batata é cultivada como cultura hortícola irrigada Rabi. Assim, foram recolhidas informações sobre o método de irrigação utilizado pelos produtores de batata. Os dados relativos à potencialidade de irrigação estão presentes no Quadro 13. Os dados relativos à potencialidade de irrigação são apresentados no Quadro 15 e revelam que (65,83%) dos inquiridos possuíam uma facilidade de irrigação média, enquanto 21,67% tinham uma potencialidade de irrigação elevada e 12,50% tinham uma potencialidade de irrigação baixa.

Quadro 13 : Distribuição dos inquiridos de acordo com a potencialidade de irrigação (n = 120)

Sr. No.	Category	Frequency	Percentage
1	Low (below 0.8 score)	15	12.50
2	Medium (0.8 to 3.14 score)	79	65.83
3	High (above 3.14 score)	26	21.67
	Total	120	100.00

Média = 2,008S .D. = 1,149

A maioria dos produtores de batata possui uma exploração agrícola de média a grande dimensão e pode ter uma potencialidade de irrigação média proporcional à sua exploração agrícola. Resultados semelhantes foram relatados por Chhodavadia (2001), Verma (2002), Solanki (2002) e Patel (2005).

4.1.3. 6Rendimento da batata

Os dados relativos à produção de batata obtida pelo agricultor foram registados e calculados por hectare.

Os dados foram classificados em três categorias com base no rendimento/ha obtido, a saber: (1) baixo rendimento de batata, (2) médio rendimento de batata e (3) alto rendimento de batata.

Os dados apresentados no Quadro 14 indicam claramente que 55,00 por cento dos produtores de batata obtiveram um rendimento médio, enquanto 23,33 por cento dos inquiridos e 21,67 por cento tiveram um rendimento elevado e baixo de batata.

Quadro 14 : Distribuição dos inquiridos com base no rendimento da batata
(n = 120)

Sr. No.	Category	Frequency	Percentage
1	Low potato Yield (below 101.5 score)	26	21.67
2	Medium potato Yield (101.5 to 667.1 score)	66	55.00
3	High potato Yield (above 667.1 score)	28	23.33
	Total	120	100.00

Pode concluir-se que a maioria dos produtores de batata obteve um rendimento médio de batata.

A adoção da prática de distância de plantio (91,50%), que ajudou os produtores de batata a aumentar e manter a planta de batata por acre, pode ser a razão para o alto rendimento.

Resultados semelhantes foram registados por Patel (1990), Gorfad (1993) e Chothani (1999).

4.1.3.7Aquisição de crédito total

A cultura da batata exige um investimento elevado em sementes, fertilizantes e outros factores de produção. Por conseguinte, o agricultor necessita de um maior investimento em crédito agrícola. A informação relativa ao crédito utilizado foi recolhida e os agricultores foram classificados em três categorias, de acordo com o seu empréstimo de crédito total: (1) baixo empréstimo de crédito total, (2) médio empréstimo de crédito total e (3) alto empréstimo de crédito total.

O Quadro 15 mostra que cerca de 71,67% dos produtores de batata têm um endividamento médio do crédito total de gestão, seguido de 19,16% e 9,17% de inquiridos que têm um endividamento elevado e baixo do crédito total de gestão, respetivamente.

Quadro 15: Distribuição dos inquiridos de acordo com o recurso ao crédito total de gestão

(n = 120)

Sr. No.	Category	Frequency	Percentage
1	Low (below 0.09 score)	11	9.17
2	Medium (0.09 to 0.51 score)	86	71.67
3	High (above 0.51score)	23	19.16
	Total	120	100.00

Média = 0,30D .S. = 0,21

Pode concluir-se que mais de dois terços dos produtores de batata tinham tomado emprestado o crédito de gestão total das diferentes fontes.

De facto, 76,67% dos produtores de batata tinham uma dimensão média e grande de posse de terra e 78,33% dos produtores de batata tinham um rendimento anual médio e elevado. Assim, os produtores de batata têm de pedir créditos emprestados aos seus familiares, amigos e bancos cooperativos para satisfazer as suas necessidades financeiras em caso de crise financeira crítica.

4.1. 4Características psicológicas

4.1.4. 1Adopção

Para medir a adoção, os dados foram recolhidos e analisados em duas partes: (i) Adoção por práticas (ii) adoção global.

4.1.4.1.1 Adoção de práticas

Para verificar a adoção de práticas científicas de cultivo de batata pelos produtores de batata, as práticas científicas foram agrupadas em 8 práticas principais e foram atribuídas pontuações por prática, perfazendo um total de 100 pontuações. Com base nas pontuações obtidas pelos inquiridos na adoção de uma determinada prática, a frequência e a percentagem foram calculadas para todas as práticas e, com base na percentagem, foi atribuída uma classificação a cada prática. Os resultados são apresentados no quadro 16 e na figura 5.

Quadro 16: Adoção de práticas científicas de cultivo de batata pelos produtores de batata (n = 120)

Sr.	Name of the practices	Frequency	Percentage	Rank
1	Tillage	66.00	79.50	IV
2	Variety	80.00	96.00	I
3	Planting distance	76.00	91.50	II

4	Organic manure	67.00	80.50	III
5	Chemical fertilizer	60.00	72.50	VI
6	Irrigation	63.00	76.00	V
7	Insect/pest control	43.00	52.50	VII
8	Disease control	33.00	40.00	VIII

A leitura dos dados do quadro 16 mostra que as práticas de cultivo da batata, nomeadamente a variedade (primeiro lugar), a distância de plantação (segundo lugar), o estrume orgânico (terceiro lugar), a lavoura (quarto lugar) e a irrigação (quinto lugar), foram adoptadas com maior percentagem. Ao mesmo tempo, no que diz respeito aos fertilizantes químicos (sexto lugar), o controlo de insectos/pragas (sétimo lugar) e o controlo de doenças (oitavo lugar) foram práticas menos adoptadas pelos produtores de batata.

Pode resumir-se que as práticas viz; variedade melhorada, distância de plantação e adubo orgânico foram adoptadas pelos agricultores a área em estudo é famosa pela batata *'Kufri Badshah'* na Índia e no estrangeiro. Não há desculpa para a variedade de batata *Kufri Badshah*. As outras duas práticas, a distância de plantação e o adubo orgânico, foram importantes para produzir plantas de qualidade. Por isso, ocuparam a segunda e terceira posições. Vale a pena notar que o controlo de pragas e doenças ocupou quase a última posição na adoção. Os produtores de batata estão bem cientes da importância destas práticas, mas as operações de proteção das plantas são difíceis na batata, o que pode ser a razão provável da baixa adoção das práticas.

4.1.4.1.2 Adoção global

Como discutido na metodologia, o quociente de adoção (AQ) desenvolvido por Chattopadhyay (1974) foi usado para o cálculo da adoção geral. O nível de adoção para cada produtor de batata foi calculado com base na pontuação máxima obtida por eles. Os produtores de batata foram classificados em três categorias: Baixa adoção (média - S.D.), Média adoção (média ±

S.D.) e Alta adoção (média + S.D.).

Quadro 17 : Distribuição dos inquiridos de acordo com o nível de adoção das práticas de cultivo da batata
(n = 120)

Sr.	Category	Frequency	Percentage
1	Low adoption (below 37.79)	26	21.67
2	Medium adoption (37.79 to 78.73)	63	52.50
3	High adoption (above 78.73)	31	25.83
	Total	120	100.00

Média = 58,25D .S. = 20,46

Os dados apresentados no quadro 17 e na figura 6 revelaram que mais de metade (52,50 por cento) dos produtores de batata eram adoptantes médios. Por outro lado, 25,83 por cento eram grandes e 21,67 por cento eram pequenos adoptantes das práticas científicas de cultivo da batata, respetivamente.

Isto pode dever-se ao facto de os produtores de batata terem uma educação média, participação social, participação na extensão, potencialidade de irrigação e índice de mecanização agrícola. Além disso, os extensionistas podem ter convencido os produtores de batata e eles desejavam aumentar a produção de batata adoptando as práticas científicas de cultivo de batata, o que estava de acordo com as conclusões de Verma e Sharma (2003), Patel (2004), Pokar (2008) e Jat (2010).

4. 2Capacidade de gestão dos inquiridos sobre o cultivo científico dos inquiridos

4.2.1 Capacidade de gestão

A fim de medir a capacidade de gestão dos produtores de batata relativamente ao cultivo científico da cultura da batata, a escala construída foi aplicada a cada produtor de batata. Foi recebida a resposta completa de cada produtor de batata e calculado o índice de capacidade de gestão. O índice final de capacidade de gestão foi determinado pela média dos índices dos respectivos produtores de batata. A classificação dos inquiridos com base no seu índice de capacidade de gestão é apresentada no Quadro 18 e esquematizada na figura 7.

Quadro 18 : Distribuição dos inquiridos de acordo com a sua capacidade de gestão

(n = 120)

Sr.	Category	Frequency	Percentage
1	Low MA(below 43.14)	25	20.83
2	Medium MA (43.14 to 72.34)	72	60.00
3	High MA (above 72.34)	23	19.17
	Total	120	100.00

Média = 57,74D .S. = 14,60

Pode ver-se no Quadro 18 e na Figura 5 que a maioria dos inquiridos (60,00 por cento) pertence à categoria de capacidade de gestão média, enquanto 20,83 por cento dos inquiridos se enquadram na categoria de capacidade de gestão baixa. Os restantes 19,17% dos inquiridos possuem uma capacidade de gestão elevada. Assim, a capacidade de gestão dos inquiridos era predominantemente média.

Pode concluir-se do que precede que a capacidade de gestão dos produtores de batata relativamente à cultura científica da batata é média.

Isto pode dever-se ao nível médio de educação em aspectos de gestão e ao facto de a maioria dos produtores de batata possuir um nível médio de insumos agrícolas. Além disso, mais de dois terços dos inquiridos tinham um nível médio de atitude em relação à agricultura moderna, o que resultava num nível médio de capacidade de gestão.

Esta conclusão está em conformidade com as conclusões de Patel e Patel (2000), Nuthall (2001), Trip et *al* (2002) e Jadav (2004).

4.2.2 IMPORTÂNCIA RELATIVA DOS INDICADORES DA ESCALA

Quadro 19: Valor da escala dos diferentes indicadores da escala de capacidade de gestão

n = 120

Sr.	Indicator	Scale value	Means score	Rank
1	Planning	8.30	147.8	I
2	Organizing the activities	3.70	16.28	VII
3	Supervising	5.80	99.35	II
4	Budgeting	6.19	37.44	IV
5	Co-ordinating the activities	3.20	18.91	V
6	Communication	0.50	1.89	XI
7	Controlling the activities	3.50	16.34	VI
8	Decision making	6.40	39.36	III
9	Human relationship	1.20	8.35	VIII

A capacidade de comunicar eficazmente com os outros é uma competência de gestão. Os indicadores relativos à orçamentação, coordenação das actividades, controlo das actividades, organização das actividades, relações humanas e comunicação são os que se seguem na escala de valores, por ordem decrescente. A capacidade de comunicar eficazmente com os outros é uma competência de gestão, que ajuda os agricultores a receber e a divulgar informações rentáveis relacionadas com a empresa agrícola. A capacidade de comunicação também permite que o agricultor mantenha um bom contacto com o sistema de apoio agrícola. A comunicação inclui uma seleção eficaz e adequada das formas e meios de comunicação para alcançar uma capacidade de gestão eficaz. Ao mesmo tempo, as relações humanas utilizadas para o desempenho das suas funções, tendo em conta a moral dos trabalhadores, tratam-nos como seres sociais, o que influencia positivamente a capacidade de gestão.

4.2.2. 1Planeamento

Os inquiridos foram classificados em três categorias de acordo com o seu planeamento, a saber: (1) planeamento baixo, (2) planeamento médio e (3) planeamento alto. O quadro 20 mostra que cerca de 68,33% dos produtores de batata têm um planeamento médio, seguido de 16,67 e 15,00% de inquiridos com planeamento alto e baixo, respetivamente.

Quadro 20 : Distribuição dos inquiridos de acordo com o planeamento

(n = 120)

Sr.	Category	Frequency	Percentage
1	Low planning (below 14.49)	18	15.00
2	Medium planning (14.49 to 21.13)	82	68.33
3	High planning (above 21.13)	20	16.67
	Total	120	100.00

Média = 17,81D .S. = 3,32

4.2.2.2 Organização das actividades

Os inquiridos foram classificados em três categorias, de acordo com a sua capacidade de organização: (1) baixa organização, (2) média organização e (3) alta organização.

O Quadro 21 mostra que cerca de 52,50% dos produtores de batata têm uma organização média, seguidos de 25,00 e 22,50% de inquiridos com uma organização baixa e alta, respetivamente.

Quadro 21: Distribuição dos inquiridos segundo a organização

(n = 120)

Sr.	Category	Frequency	Percentage
1	Low organization (below 3.21)	30	25.00
2	Medium organization (3.21 to 5.59)	63	52.50
3	High organization (above 5.59)	27	22.50
	Total	120	100.00

Média = 4,4D .S. = 1,19

4.2. 23Supervisão

Os inquiridos foram classificados em três categorias, de acordo com a sua supervisão: (1) supervisão baixa, (2) supervisão média e (3) supervisão alta. É evidente no Quadro 22 que cerca de 65,00 por cento dos produtores de batata têm uma supervisão média, seguidos de 17,50 e 17,50 por cento de inquiridos com supervisão baixa e alta, respetivamente.

Quadro 22 : Distribuição dos inquiridos de acordo com a supervisão

(n = 120)

Sr.	Category	Frequency	Percentage
1	Low supervising (below 13.54)	21	17.50
2	Medium supervising (13.54 to 20.72)	78	65.00
3	High supervising (above 20.72)	21	17.50
	Total	120	100.00

Média = 17,13D .S. = 3,59

4.2.2.4 Elaboração do orçamento

Os inquiridos foram classificados em três categorias, de acordo com a sua orçamentação, a saber: (1) orçamentação baixa, (2) orçamentação média e (3) orçamentação alta. O quadro 23 mostra que cerca de 64,17% dos produtores de batata têm uma orçamentação média, seguidos de 20,00 e 15,83% de inquiridos com uma orçamentação alta e baixa, respetivamente.

Quadro 23 : Distribuição dos inquiridos de acordo com a orçamentação

(n = 120)

Sr.	Category	Frequency	Percentage
1	Low budgeting (below 4.59)	19	15.83
2	Medium budgeting (4.59 to 7.51)	77	64.17
3	High budgeting (above 7.59)	24	20.00
	Total	120	100.00

Média = 6,05D .S. = 1,46

4.2.2.5 coordenação das actividades

Os inquiridos foram classificados em três categorias, de acordo com a sua coordenação, a saber: (1) baixa coordenação, (2) média coordenação e (3) alta coordenação.

O Quadro 24 mostra que cerca de 62,50% dos produtores de batata têm uma coordenação média, seguidos de 20,00 e 17,50% de inquiridos com uma coordenação alta e baixa, respetivamente.

Quadro 24 : Distribuição dos inquiridos de acordo com a coordenação:

(n = 120)

Sr.	Category	Frequency	Percentage
1	Low co-ordination (below 4.36)	24	20.00
2	Medium co-ordination (4.36 to 7.46)	75	62.50
3	High co-ordination (above 7.46)	21	17.50
	Total	120	100.00

Média = 5,91D .S. = 1,55

4.2.2.6 Comunicação

Os inquiridos foram classificados em três categorias, de acordo com a sua comunicação, a saber: (1) comunicação baixa, (2) comunicação média e (3) comunicação alta.

O quadro 25 mostra que cerca de 50,00 por cento dos produtores de batata têm uma comunicação média, seguidos de 31,67 e 18,33 por cento de inquiridos com uma comunicação alta e baixa, respetivamente.

Quadro 25: Distribuição dos inquiridos de acordo com a comunicação:
(n = 120)

Sr.	Category	Frequency	Percentage
1	Low communication (below 2.58)	22	18.33
2	Medium communication (2.58 to 5.0)	60	50.00
3	High communication (above 5.0)	38	31.67
	Total	120	100.00

Média = 3,79D .S. = 1,21

4.2.2.7 Controlo das actividades

Os inquiridos foram classificados em três categorias, de acordo com o seu grau de controlo, a saber: (1) baixo controlo, (2) médio controlo e (3) elevado controlo.

O quadro 26 mostra que cerca de 50,00 por cento dos produtores de batata têm um controlo médio, seguido de 30,00 e 20,00 por cento de inquiridos com um controlo elevado e baixo, respetivamente.

Quadro 26 : Distribuição dos inquiridos segundo o controlo :

(n = 120)

Sr.	Category	Frequency	Percentage
1	Low controlling (below 3.4)	24	20.00
2	Medium controlling (3.4 to 5.94)	60	50.00
3	High controlling (above 5.94)	36	30.00
	Total	120	100.00

Média = 4,67D .S. = 1,27

4.2.2.8 Tomada de decisões

Os inquiridos foram classificados em três categorias de acordo com a sua decisão, a saber: (1) decisão baixa, (2) decisão média e (3) decisão alta. O quadro 27 mostra que cerca de 61,67% dos produtores de batata têm uma decisão média, seguidos de 24,17 e 14,16% de inquiridos com decisão alta e baixa, respetivamente.

Quadro 27 : Distribuição dos inquiridos de acordo com a decisão :

(n = 120)

Sr.	Category	Frequency	Percentage
1	Low decision (below 4.58)	17	14.16
2	Medium decision (4.58 to 7.72)	74	61.67
3	High decision (above 7.72)	29	24.17
	Total	120	100.00

Média = 6,15D .S. = 1,57

4.2.2.9 Relações humanas

Os inquiridos foram classificados em três categorias, de acordo com a sua relação humana: (1) relação humana baixa, (2) relação humana média e (3) relação humana elevada. O quadro 28 mostra que cerca de 63,33% dos produtores de batata têm uma relação humana média, seguidos de 22,50 e 14,17% de inquiridos com uma relação humana elevada e baixa, respetivamente!

Quadro 28 : Distribuição dos inquiridos de acordo com as relações humanas
(n = 120)

Sr.	Category	Frequency	Percentage
1	Low human relationship (below 4.73)	17	14.17
2	Medium human relationship (4.73 to 9.19)	76	63.33
3	High human relationship (above 9.19)	27	22.50
	Total	120	100.00

Média = 6,96D .S. = 2,23

4.3 Associação das características seleccionadas com a capacidade de gestão

4.3.1 Análise de correlação

Verificar a associação entre a capacidade de gestão dos produtores de batata (variáveis dependentes) e as suas características seleccionadas (variáveis independentes). Com base na medida operacional desenvolvida para a variável, foram formuladas hipóteses nulas para testar a associação e a sua significância na correlação de ordem zero. Os valores da correlação de ordem zero foram calculados e apresentados no Quadro 29.

Tabela 29: Coeficiente de correlação de ordem zero da variável independente

Sr. No	Independent variables		'r' value
I	**PERSONAL**		
1	X_1	Age	-0.2136*
2	X_2	Education	0.2356**
II	**SOCIAL**		
3	X_3	Social participation	0.1845*
4	X_4	Extension participation	0.1650^{NS}
III	**ECONOMIC**		
5	X_5	Size of land holding	0.2441**
6	X_6	Annual income	0.2675**
7	X_7	Farm mechanization index	0.2408**
8	X_8	Potato crop intensity	0.0598^{NS}
9	X_9	Irrigation potentiality	0.0324^{NS}
10	X_{10}	Potato yield	0.1901*
11	X_{11}	Borrowing of total credit	0.7547**
IV	**PSYCHOLOGICAL**		
12	X_{12}	Adoption	0.2248*

com a capacidade de gestão dos produtores de batata

1 = significância ao nível de 0,05

2 * = Significância ao nível de 0,01

NS = Não significativo

4.3.1.1 Idade e capacidade de gestão

Os dados apresentados no Quadro 29 (1) foram utilizados para testar a hipótese nula (H.I), segundo a qual não existe associação entre a capacidade de gestão dos produtores de batata e a sua idade.

O valor calculado do coeficiente de correlação r = -0,2136 foi considerado significativo ao nível de 0,05. Assim, a hipótese nula foi rejeitada.

Pode concluir-se que existe uma associação negativa e significativa entre a capacidade de gestão dos produtores de batata e a sua idade.

Patel e Patel (2000) observaram um resultado semelhante

4.3.1.2 Formação e capacidade de gestão

Os dados do Quadro 29 (2) foram utilizados para testar a hipótese nula (H.2) de que não existe uma associação entre a capacidade de gestão dos produtores de batata relativamente ao cultivo científico da batata e a sua educação.

O valor do coeficiente de correlação calculado de r = 0,2356 foi positivo e altamente significativo a um nível de probabilidade de 0,01. Por conseguinte, a hipótese nula foi rejeitada.

Pode concluir-se do resultado acima que a educação teve uma associação positiva e significativa com a capacidade de gestão. Significa que os agricultores com um nível de educação mais elevado têm um nível mais elevado de capacidade de gestão.

A razão provável poderá ser o facto de a educação expor os produtores de batata a mais meios de comunicação e fontes de informação, o que os leva a uma melhor perceção e compreensão. Além disso, a educação dos produtores de batata ajuda-os a recolher informação e a tomar decisões pragmáticas. Assim, a educação proporciona uma reorientação persistente aos produtores de batata, que gradualmente se vão apropriando da ciência e da inovação, transformando-se num melhor empresário e, em última análise, reflectindo-se numa melhor gestão da empresa. Por conseguinte, as conclusões parecem ser lógicas e estão em conformidade com as conclusões de Sumathi (1987), Nagarajan (1989) e Rao (1995).

4.3.1. 3Participação social e capacidade de gestão

Os dados apresentados no Quadro 29 (3) indicam que o valor calculado do coeficiente de correlação r = 0,1845 é significativo a um nível de probabilidade de 0,05. Por conseguinte, a hipótese nula (H.3) foi rejeitada.

Pode concluir-se que existe uma associação significativa entre a participação social e a capacidade de gestão dos produtores de batata.

A razão provável pode ser que, em geral, no norte de Gujarat, tanto as cooperativas agrícolas como as cooperativas de leite e produtos lácteos estão a ajudar os agricultores de várias formas, o papel na melhoria da rede está bem desenvolvido, pelo que podem ter capacidade de gestão dos produtores de batata, o que está em conformidade com as conclusões de Vihol (2002), Kaid (2004) e Chaudhari (2007).

4.3.1.3 Participação na extensão e capacidade de gestão

Os dados apresentados na Tabela 29 (4) foram utilizados para testar a hipótese nula (H.4) de que não existe associação entre a capacidade de gestão e a participação dos inquiridos na extensão.

O coeficiente de correlação calculado r = 0,1650 não foi significativo ao nível de probabilidade de 0,05. Por conseguinte, a hipótese nula foi aceite.

Pode concluir-se que não existe associação entre a participação na extensão e a capacidade de gestão dos inquiridos sobre o cultivo científico dos produtores de batata.

Os resultados mostram que a participação da extensão não desempenhou qualquer papel significativo na melhoria da capacidade de gestão dos produtores de batata, o que está em conformidade com as conclusões de Kawale (2000), Bariya (2001) e Prajapati (2006).

4.3.1.5 Dimensão da exploração fundiária e capacidade de gestão

Os dados do Quadro 29 (5) foram utilizados para testar a hipótese nula (H.5) de que não existe uma associação entre a capacidade de gestão dos produtores de batata no que respeita ao cultivo científico da batata e a dimensão da sua exploração agrícola.

O valor do coeficiente de correlação calculado de r = 0,2675 foi altamente significativo a um nível de probabilidade de 0,01. Por conseguinte, a hipótese nula foi rejeitada.

Pode inferir-se que a associação foi positiva e altamente significativa, o que indica que ambas as variáveis são independentes uma da outra.

Isto pode dever-se ao facto de a propriedade fundiária dos produtores de batata ser o principal meio da sua ocupação. Por isso, tentam obter um maior rendimento económico com as suas terras.

As conclusões de Patel e Patel (2000) estão em conformidade com as presentes conclusões, enquanto as conclusões de Colin (2000) diferem das presentes conclusões.

4.3.1.6 Rendimento anual e capacidade de gestão

Os dados do Quadro 29 (6) foram utilizados para testar a hipótese nula (H.6) de que não existe uma associação entre a capacidade de gestão dos produtores de batata relativamente ao cultivo científico da batata e o seu rendimento anual.

O coeficiente de correlação calculado r = 0,2675 foi considerado positivo e altamente significativo ao nível de 0,01, pelo que a hipótese nula foi rejeitada.

Conclui-se que existe uma associação entre a capacidade de gestão dos produtores de batata e o seu rendimento anual. A associação positiva indica que, com o aumento do rendimento anual, a capacidade de gestão também aumenta.

A razão provável pode ser que os agricultores com um nível mais elevado de rendimento anual terão mais possibilidades de exposição aos meios de comunicação de massas, de controlo de várias actividades agrícolas, de cultivar batata em diferentes actividades e de tomar decisões correctas que conduzam a uma maior produção. Assim, observou-se um nível mais elevado de capacidade de gestão entre os agricultores que tinham um nível mais elevado de rendimento anual.

Esta conclusão está em conformidade com as conclusões de Trivedi (2000), Jadav (2001) e Kaid (2004).

4.3.1.7 Índice de mecanização das explorações agrícolas e capacidade de gestão

Os dados do Quadro 29 (7) foram utilizados para testar a hipótese nula (H.7) de que não existe associação entre a capacidade de gestão dos produtores de batata e o seu índice de mecanização agrícola.

O valor do coeficiente de correlação calculado de r = 0,2408 foi positivo e altamente significativo ao nível de 0,01. Por conseguinte, a hipótese nula foi rejeitada.

Conclui-se que existe uma associação entre a capacidade de gestão e o índice de mecanização das explorações agrícolas. Pode dizer-se que com o aumento do índice de mecanização das explorações agrícolas a capacidade de gestão também aumenta.

A razão provável para isso pode ser o facto de as alfaias agrícolas serem úteis para reduzir o trabalho pesado e aumentar a capacidade de trabalho das operações dos produtores de batata. Os implementos são úteis para aumentar a capacidade de gestão dos agricultores. Assim, foi observada uma capacidade de gestão entre os agricultores que tinham um nível mais elevado de índice de mecanização agrícola. Por conseguinte, foi observado um resultado significativo entre o índice de mecanização agrícola e a capacidade de gestão.

Esta conclusão está em conformidade com as conclusões de Khodifad (1993), Patel (1995) e

Jadav (2001).

4.3.1.8 Intensidade da cultura da batata e capacidade de gestão

Os dados do Quadro 29 (8) foram utilizados para testar a hipótese nula (H.8) de que não existe associação entre a capacidade de gestão dos inquiridos e a intensidade da sua cultura da batata.

O coeficiente de correlação calculado r = 0,0598 foi considerado não significativo a um nível de significância de 0,05%. Por conseguinte, a hipótese foi aceite.

Isto indica que a capacidade de gestão e a intensidade da cultura da batata são independentes uma da outra.

Isto pode dever-se ao facto de a intensidade da cultura da batata mostrar um nível mais elevado de interesse de um indivíduo em adotar a cultura da batata dentro da sua propriedade fundiária disponível. É natural que os agricultores com maior área cultivada com batata procurem sempre ter todas as qualidades que lhes permitam obter o máximo rendimento. No entanto, tal não foi observado até ao nível de significância.

Esta conclusão está em conformidade com as conclusões de Prajapati (1987), Patel (1990) e Chothani (1999).

4.3.1.9 Potencialidade de irrigação e capacidade de gestão

Os dados do Quadro 29 (9) foram utilizados para testar a hipótese nula (H.9) de que não existe associação entre a capacidade de gestão dos produtores de batata e a sua potencialidade de irrigação.

O coeficiente de correlação calculado r = 0,0324 foi considerado não significativo a um nível de significância de 0,05%. Por conseguinte, a hipótese foi aceite.

Isto indica que a capacidade de gestão e a potencialidade de irrigação são independentes uma da outra. Isto significa que foi observado um nível semelhante de capacidade de gestão entre os agricultores com instalações de rega e os agricultores sem instalações de rega, o que está em conformidade com as conclusões de Verma (2002), Kumar (2003) e Patel (2005).

4.3.1. 10Rendimento da batata e capacidade de gestão

Os dados apresentados no Quadro 29 (10) foram utilizados para testar a hipótese nula (H.10) de que não existe associação entre a capacidade de gestão e a produção de batata.

O valor do coeficiente de correlação calculado de r = 0,1901 foi considerado positivo e significativo a um nível de probabilidade de 0,05, o que indica que a hipótese nula foi rejeitada.

Pode inferir-se que a capacidade de gestão dos inquiridos foi positiva e significativamente associada à produção de batata. O resultado mostrou que a produção de batata aumentou com o aumento da capacidade de gestão dos produtores de batata.

A razão provável pode ser o facto de os agricultores com maior rendimento de batata terem um maior rendimento anual/ha, o que levou a uma maior exposição aos meios de comunicação social e à aquisição adequada de factores de produção agrícola, o que resultou na melhoria da capacidade de gestão dos produtores de batata.

Esta conclusão está em conformidade com as conclusões de Patel (1990), Gorfad (1993) e Chothani (1999).

4.3.1.11 Contração de empréstimos do crédito total e capacidade de gestão

Os dados do Quadro 29 (11) foram utilizados para testar a hipótese nula (H.11) de que não existe uma associação entre a capacidade de gestão dos produtores de batata no que respeita ao cultivo científico da batata e a sua utilização do crédito total.

O valor do coeficiente de correlação calculado de r = 0,7547 foi altamente significativo a um nível de probabilidade de 0,01. Por conseguinte, a hipótese nula foi rejeitada.

Isto indica que a capacidade de gestão e a contração de empréstimos do crédito total para a gestão são independentes uma da outra.

Os resultados mostram que existe uma associação altamente significativa entre a contração de empréstimos do crédito total e a capacidade de gestão. Isto significa que, mesmo depois de terem obtido crédito, os agricultores utilizaram-no para gerir eficazmente as suas culturas. Assim, observou-se uma associação altamente significativa entre o recurso ao crédito total e a capacidade de gestão.

4.3.1.12 Adoção e capacidade de gestão

Os dados do Quadro 29 (12) foram utilizados para testar a hipótese nula (H.12) de que não existe associação entre a capacidade de gestão dos produtores de batata sobre o cultivo científico da batata e a sua adoção.

O valor do coeficiente de correlação calculado de r = 0,2248 foi positivo e significativo a um nível de probabilidade de 0,05. Por conseguinte, a hipótese nula foi rejeitada.

É óbvio que existe uma correlação significativa entre o nível de capacidade de gestão dos produtores de batata e o seu nível de adoção. Isto implica que o aumento do nível de adoção dos produtores de batata resultou num aumento da capacidade de gestão positiva sobre o cultivo científico dos produtores de batata.

Isto pode dever-se ao facto de os agricultores com melhor nível de adoção serem mais activos do que os agricultores médios. Este tipo de comportamento motiva um indivíduo a fazer algo novo para obter o nível de resultados desejado. Indiretamente, podemos também dizer que estes agricultores possuem todas as qualidades que conduzem a uma melhor capacidade de gestão. Assim, naturalmente, os agricultores com maior nível de adoção terão maior nível de capacidade de gestão.

Esta conclusão está em conformidade com as conclusões de Dongardive (2002), Pandya (2004) e Patel (2004).

4.3.1.13 Estratégias de comercialização dos produtores de batata

Nesta parte do estudo, foi apresentada aos inquiridos uma visão geral das estratégias de marketing. Os resultados relativos aos vários aspectos das estratégias de marketing foram apresentados da seguinte forma.

Grossistas primários

Os comerciantes que compram o produto à porta da exploração e o vendem a retalhistas ou o armazenam em câmaras frigoríficas.

Grossistas secundários

Os comerciantes que compram o produto no pátio do mercado mediante o pagamento de uma taxa de mercado.

Como se pode ver no quadro 30, apenas três canais são dominantes na comercialização da cultura da batata no distrito de Banaskantha. Os canais-I consistiam na venda do produtor aos grossistas secundários, ao retalhista e ao consumidor, no canal-II,

o do produtor para o grossista primário, para o retalhista e para o consumidor final, e nos canais - todos os produtores para as empresas. Em ambos os canais, o comissionista não entra em cena.

Entre os três canais, o canal 1 é o mais popular, pois cerca de 83% da quantidade de produtos é vendida através deste canal, enquanto apenas 8,58% da quantidade é vendida através do terceiro canal e 8,42% da quantidade é vendida através do segundo canal.

Tabela: 30 Distribuição dos inquiridos de acordo com a utilização de estratégias de marketing através das quais comercializam o seu produto de batata

Sr.	Strategies of marketing	Quantity sold in (qtl)	Percentage of total (qtl) sold
1	Channel-I (producer to secondary wholesalers to retailers to consumers)	38540	83.00
2	Channel-II (producer to primary wholesalers to retailers to consumers)	3730	8.42
3	Channel-III (producer to companies)	3848	8.58
	Total	46118	100.00

4.5 Constrangimentos enfrentados pelos inquiridos na adoção de práticas de cultivo científico

As perguntas relativas aos condicionalismos foram mantidas abertas. As respostas dadas pelos inquiridos foram registadas no próprio calendário. A frequência de cada constrangimento foi calculada e convertida em percentagem. Foi atribuída uma classificação a cada constrangimento com base na percentagem. A maioria dos produtores de batata expressou o fornecimento irregular e insuficiente de energia eléctrica (81,66%), salários elevados (80,00%), preço elevado dos fertilizantes (72,50%), falta de mão de obra qualificada (68,33%), preço elevado e ineficácia dos fungicidas (62,50), preço elevado dos insecticidas e pesticidas (60.00 %), Falta de competências técnicas (52,50), Falta de conhecimentos técnicos (46,66), Falta de facilidades de crédito (45,00), Indisponibilidade de fertilizantes a tempo (40,00), Falta de alfaias agrícolas melhoradas (37,50), Falta de sensibilização para as recomendações ecológicas (35,00) e Preço elevado e indisponibilidade de adubo orgânico (33,33).

Tabela: 31 Constrangimentos enfrentados pelos produtores de batata na adoção de tecnologia melhorada de produção de batata

(n = 120)

Sr.	Constraints	Frequency	Percentage	Rank
1	Lack of improved agricultural implements	45	37.50	XI
2	Lack of skilled labours	82	68.33	IV
3	High labour wages	96	80.00	II
4	Lack of credit facility	54	45.00	VIIII
5	Lack of awareness about recommendations	42	35.00	XII
6	Lack of technical skill	63	52.50	VII
7	High price and unavailability of organic manure	40	33.33	XIII
8	Lack of technical know how	56	46.66	VIII
9	High price of fertilizers	87	72.50	III
10	Unavailability of fertilizer in time	48	40.00	X
11	Irregular and insufficient electric power supply	98	81.66	I
12	High price of insecticides and pesticides	72	60.00	VI
13	High price and ineffectiveness of fungicides	75	62.50	V

A partir da discussão acima, pode-se concluir que um maior número de produtores de batata enfrentou os constrangimentos de fornecimento irregular e insuficiente de energia eléctrica (primeiro lugar), altos salários do trabalho (segundo lugar) e alto preço do fertilizante (terceiro lugar). Enquanto o menor número de produtores de batata enfrentou as restrições de Falta de implementos agrícolas melhorados (décimo primeiro lugar), Falta de consciência sobre as recomendações (décimo segundo lugar) e Alto preço e indisponibilidade de adubo orgânico (décimo terceiro lugar).

4.6 Sugestões para ultrapassar os constrangimentos existentes na adoção de Práticas científicas de cultivo da batata

Para determinar as sugestões para ultrapassar os constrangimentos na adoção de práticas melhoradas de cultivo da batata, os produtores de batata foram convidados a dar sugestões. A frequência foi calculada para cada sugestão e convertida em percentagem. As sugestões, juntamente com a sua percentagem, são apresentadas no Quadro 32. As sugestões mais importantes oferecidas pelos produtores de batata para superar os constrangimentos na adoção da tecnologia de produção de batata melhorada recomendada foram: fornecimento regular de energia eléctrica (84,16%), introdução de um regime de seguro de colheitas na cultura da manga (81,66%), desenvolvimento de medidas eficazes de controlo de pragas e doenças (75,00%), preços baixos de pesticidas e fertilizantes (72,20%), fixação de preços mínimos remuneradores pelo Governo (64,16%) e subsídios aos factores de produção agrícola (61,66%)

Tabela: 32 Sugestões para superar os constrangimentos enfrentados na adoção de tecnologia melhorada de produção de batata

(n =120)

Sr.	Suggestions	Frequency	percentage	Rank
1	Crop insurance scheme should be introduced for potato crop	98	81.66	II
2	Agricultural inputs should be subsidized	74	61.66	VI
3	Supply and transport facilities should be easily available	68	56.66	VIII
4	Extension workers should regularly contact the farmers to disseminate latest potato production technology	71	59.16	VII
5	Effective control measures of pests and diseases should be evolved	90	75.00	III
6	Regular electric power supply should be made available	101	84.16	I
7	Remunerative minimum prices should be fixed by the Government	77	64.16	V
8	Required pesticides and fertilizers should be made available in time	48	40.00	VIIII
9	Price of pesticides and fertilizers should	87	72.20	IV
	be low			

As sugestões comparativamente menos importantes expressas pelos produtores de batata foram: os extensionistas deveriam contactar regularmente os agricultores para divulgar as mais recentes tecnologias de produção de batata (59,16%), as instalações de abastecimento e transporte deveriam estar facilmente disponíveis (56,66%) e os pesticidas e fertilizantes necessários deveriam ser disponibilizados a tempo (40,00%).Pode-se concluir que as sugestões importantes oferecidas pela maioria dos produtores de batata foram: fornecimento regular de energia eléctrica (primeiro lugar), regime de seguro de colheitas deve ser introduzido na batata (segundo lugar), medidas eficazes de controlo de pragas e doenças devem ser desenvolvidas (terceiro lugar). Ao mesmo tempo, as sugestões menos importantes oferecidas pelo maior número de produtores de batata foram: os extensionistas devem contactar regularmente os agricultores para divulgar as mais recentes tecnologias de produção de batata (sétimo lugar), instalações de abastecimento e transporte (oitavo lugar) e os pesticidas e fertilizantes necessários devem ser disponibilizados a tempo (nono lugar).

CAPÍTULO 5

RESUMO E CONCLUSÃO

Este capítulo inclui, de forma resumida, a descrição do resumo, as conclusões, as implicações e as sugestões para investigação futura. Este capítulo foi dividido nas seguintes secções principais:

5.1 Resumo

5.2 Principais financiamentos e conclusões

5.3 Implicações do estudo

5.4 Sugestões para a prossecução da investigação

5.1 RESUMO

5.1.1 Introdução

Em todo o mundo, os agricultores trabalham como gestores das suas explorações agrícolas. Independentemente do ambiente económico, social, cultural, físico e tecnológico, o agricultor gere um sistema de produção para obter um retorno do mesmo. Consciente ou inconscientemente, a gestão é a principal preocupação dos agricultores.

O rendimento da exploração agrícola, que pode ser sob a forma de produtos ou de dinheiro, é crucial para os agricultores, uma vez que depende da forma como o agricultor pode atingir os objectivos da família. Num mundo altamente competitivo, os desafios que se colocam ao agricultor consistem em saber como gerir a exploração agrícola para aumentar o rendimento de forma sustentada.

A gestão, para efeitos do presente estudo, foi definida como o processo pelo qual o agricultor é capaz de aumentar o rendimento máximo da exploração agrícola numa base sustentada a partir dos recursos disponíveis para a realização dos objectivos familiares.

Atualmente, na Índia, são cultivadas diversas culturas hortícolas. Entre todas as culturas hortícolas, a batata ocupa uma área máxima e um lugar especial na agricultura indiana, pelo que é conhecida como o rei dos produtos hortícolas.

A batata é a única cultura que pode complementar as necessidades alimentares do país de uma forma muito substancial para alimentar quase mil milhões de pessoas. Assim, tendo em conta a importância, o valor e a procura da batata, esta ocupa um lugar especial no atual cenário agrícola.

A batata *{Solanum tuberosum* L.) é uma das principais culturas hortícolas do mundo. Na Índia, a batata é um dos produtos hortícolas mais importantes, disponível durante todo o ano em todas as partes da Índia, porque pode ser armazenada durante muito tempo. Esta é também uma importante cultura hortícola do Estado de Gujarat. A produção de batata na Índia em 2009-10 foi de 34,33 milhões de toneladas em 1,82 milhões de hectares, com um rendimento médio de 18,80 toneladas/ha (Anonymous 2010a). Uttar Pradesh, Bengala Ocidental, Bihar, Assam, Punjab, Gujarat e Himachal Pradesh são os principais estados produtores de batata no país.

A cultura da batata tem um potencial imenso para ser cultivada em Gujarat. A cultura é principalmente cultivada na estação Rabi, tanto em campos como em leitos de rios. Em Gujarat, a batata foi cultivada em 60079 hectares, com uma produção de 16,57 toneladas métricas de batata com um rendimento médio de 27,58 toneladas/ha.

Tendo em conta estes factos, considerou-se altamente necessário realizar o estudo intitulado "CAPACIDADE DE GESTÃO DOS PRODUTORES DE BATATA DO DISTRITO DE BANASKANTHA" com os seguintes objectivos específicos

1) Estudar as características seleccionadas dos produtores de batata.
2) Medir a capacidade de gestão dos produtores de batata no cultivo científico da batata.
3) Verificar a associação de variáveis seleccionadas dos produtores de batata e a capacidade de gestão.
4) Estudar as estratégias de comercialização dos produtores de batata.
5) Estudar os constrangimentos enfrentados pelos produtores de batata na adoção de práticas científicas de cultivo da batata.
6) Obter sugestões para ultrapassar os constrangimentos existentes na adoção de práticas científicas de cultivo da batata.

Com base nos objectivos do estudo e no enquadramento teórico, foram formuladas as hipóteses estatísticas (forma nula: Ho).

5.1.2 Metodologia de investigação

Foram considerados para o estudo os produtores de batata de três talukas, Deesa, Dhanera e Dantiwada. Foi selecionada uma amostra de 120 inquiridos, representando 12 aldeias de três talukas do distrito de Banaskantha, utilizando a técnica de amostragem intencional e aleatória. A fim de medir a capacidade de gestão dos produtores de batata, foi utilizada uma escala desenvolvida pelo Dr. N. B. Jadav, com as devidas alterações, uma vez que foi desenvolvida para a cultura da manga. As variáveis independentes seleccionadas foram medidas com a ajuda do desenvolvimento de escalas e índices.

Foi preparado um programa de entrevistas contendo três partes principais. A primeira parte contém informações sobre variáveis independentes, a segunda parte contém detalhes da escala de capacidade de gestão e a terceira parte contém informações sobre as restrições enfrentadas pelos produtores de batata na adoção de práticas científicas de cultivo de batata e sugestões para superar as restrições. Os dados foram recolhidos por entrevista pessoal quando os produtores de batata estavam totalmente envolvidos na operação de cultivo. Os dados assim recolhidos foram codificados, classificados, tabulados e analisados de modo a tornar as conclusões significativas. Os resultados do estudo e as conclusões são resumidos a seguir.

5.2 PRINCIPAIS RESULTADOS E CONCLUSÕES

5.2.1 Características dos inquiridos

No que diz respeito às características sócio-pessoais, mais números (50,83 por cento) dos inquiridos eram do grupo de meia-idade e mais de dois terços (67,50 por cento) dos inquiridos possuíam o nível primário e secundário de educação. Mais de metade (53,33 por cento) dos inquiridos tinha uma participação social média, mais de dois terços (61,67 por cento) dos produtores de batata tinham uma participação média na extensão e 52,50 por cento dos produtores de batata eram adoptantes médios.

No que diz respeito às características socioeconómicas, a maioria (45,00 por cento) dos inquiridos tinha um tamanho de terra de 2,1 a 5,0 ha, um maior número (47,50 por cento) de inquiridos tinha um rendimento anual médio, cerca de dois terços (67,50 por cento) dos inquiridos tinham um índice de mecanização agrícola médio, a maioria (69.17 por cento) dos inquiridos tinham uma intensidade de cultura de batata média, mais de dois terços (65,83 por cento) dos inquiridos tinham uma potencialidade de irrigação média, a maioria (55,00 por cento) dos inquiridos tinha um rendimento de batata médio e 71,67 por cento dos inquiridos tinham um empréstimo médio do crédito total.

5.2. 2Capacidade de gestão dos produtores de batata

A maioria dos inquiridos (60,00 por cento) pertence à categoria de capacidade de gestão média, enquanto 20,83 por cento dos inquiridos se enquadram na categoria de capacidade de gestão baixa. Os restantes 19,17% dos inquiridos possuíam uma capacidade de gestão elevada. Assim, a capacidade de gestão dos inquiridos era predominantemente média.

5.2.3Associação das características seleccionadas à capacidade de gestão

Com base no coeficiente de correlações, verificou-se que cinco variáveis independentes, nomeadamente a educação, a dimensão da exploração agrícola, o rendimento anual, o índice de mecanização das explorações agrícolas e o recurso ao crédito total, têm relações significativas e positivas com a capacidade de gestão, a um nível de significância de 0,01. Três variáveis independentes, nomeadamente a participação social, a adoção e a produção de batata, apresentaram relações significativas e positivas com a capacidade de gestão ao nível de significância de 0,05. Enquanto a idade teve uma relação significativa, mas negativa, com a capacidade de gestão a um nível de significância de 0,01. Três variáveis independentes, nomeadamente a participação na extensão, a intensidade da cultura da batata e a potencialidade da irrigação, não foram consideradas significativas em relação à capacidade de gestão.

5.2. 4Estratégias de marketing adoptadas pelos produtores de batata

No distrito de Banaskantha, predominam apenas três canais de comercialização da cultura da batata. Os canais-I consistiam na venda do produtor a grossistas secundários, ao retalhista e ao consumidor; no canal-II, o produto passa do produtor ao grossista primário, ao retalhista e ao consumidor final; e no canal-II, do produtor às empresas. Em ambos os canais, o comissionista não entrava em cena. Entre os três canais, o canal 1 é o mais popular, pois cerca de 83% da quantidade de produtos é vendida através deste canal, enquanto apenas 8,58% da quantidade é vendida através do terceiro canal e 8,42% da quantidade é vendida através do segundo canal.

5.2.5 Constrangimentos enfrentados pelos inquiridos na adoção de práticas de cultivo científico

Constrangimentos importantes na capacidade de gestão dos produtores de batata foram, fornecimento irregular e insuficiente de energia eléctrica (primeiro lugar), altos salários do trabalho (segundo lugar) e alto preço do fertilizante (terceiro lugar). Enquanto o menor número de produtores de batata enfrentou as restrições de falta de implementos agrícolas melhorados (décimo primeiro lugar), falta de consciência sobre as recomendações (décimo segundo lugar) e alto preço e indisponibilidade de adubo orgânico (décimo terceiro lugar).

5.2.6 Sugestões para superar os constrangimentos existentes na adoção de práticas científicas de cultivo da batata

As sugestões importantes na capacidade de gestão dos produtores de batata foram: o fornecimento regular de energia eléctrica deve ser disponibilizado (primeiro lugar), o regime de seguro de colheitas deve ser introduzido na batata (segundo lugar), devem ser desenvolvidas medidas eficazes de controlo de pragas e doenças (terceiro lugar). Ao mesmo tempo, as sugestões menos importantes oferecidas pelo maior número de produtores de batata foram: os extensionistas devem contactar regularmente os agricultores para divulgar as mais recentes tecnologias de produção de batata (sétimo lugar), instalações de abastecimento e transporte (oitavo lugar) e os pesticidas e fertilizantes necessários devem ser disponibilizados a tempo (nono lugar).

5.3 Implicações do estudo

Os resultados do estudo levam à seguinte implicação:

1) Uma gestão eficaz é crucial para obter um rendimento elevado de um sistema de produção numa base sustentada. É essencial que os agricultores e os extensionistas sejam sensibilizados para a necessidade de desenvolver a capacidade de gestão dos

agricultores.

2) Produtores de batata com as devidas modificações para medir a capacidade de gestão sobre o cultivo científico da batata.

3) Para maximizar o lucro global de qualquer batata, os produtores de batata devem ter competências de gestão, particularmente em matéria de planeamento, tomada de decisões, organização, comunicação, coordenação, direção e relações humanas.

4) O estudo sugeriu que deve ser dada a devida importância a essas características dos produtores de batata, nomeadamente, adoção, educação, rendimento anual, índice de mecanização agrícola, rendimento da batata, para alcançar uma maior capacidade de gestão que resulte numa gestão eficaz dos produtores de batata.

5) Para desenvolver a capacidade de gestão, é essencial organizar uma formação em gestão para os agricultores. A formação em gestão pode dar ênfase aos aspectos de gestão sócio-pessoal e económica. Isto ajudará os agricultores a passar da gestão tradicional para a gestão moderna das suas explorações e permitir-lhes-á fazer face às novas exigências, aos novos problemas e aos novos desafios no domínio da agricultura.

6) O uso de práticas de cultivo de batata de acordo com as recomendações ajuda o produtor de batata a ter uma melhor gestão. Assim, os funcionários da extensão devem concentrar os seus esforços para educar e convencer os produtores de batata, dando-lhes uma formação eficaz através da mais recente tecnologia de comunicação para adoptarem a tecnologia recomendada.

7) Os importantes constrangimentos enfrentados pela maioria dos produtores de batata na adoção da cultura da batata devem ser tidos em conta ao avaliar a sua capacidade de gestão.

5.4 Sugestões para a prossecução da investigação

Este estudo conduz aos seguintes domínios de investigação futura.

[1] O estudo limitou-se aos produtores de batata de Deesa, Dhanera e Dantiwada taluka apenas, mas para reforçar as conclusões deste estudo, pode ser efectuado um estudo semelhante noutras áreas do Estado.

[2] Este estudo limitou-se apenas à cultura da batata. Poderá ser necessário efetuar um estudo mais aprofundado para os produtores de outras grandes culturas hortícolas do Estado.

[3] Podem ser estudados outros aspectos da gestão dos produtores de batata, como a comercialização, a orçamentação e o valor acrescentado, etc.

[4] O mesmo estudo pode ser realizado após cinco anos deste estudo para conhecer a mudança na capacidade de gestão dos produtores de batata sobre o cultivo científico da batata.

CAPÍTULO 6

REFERÊNCIAS

Alvarez, A e Arias, C (2003) "Diseconomies of size with fixed managemential ability" American Journal of Agricultural Economics, 85 :(1) pp. 134-142.

Anonumous (2010_c) Diretor Adjunto da Agricultura, Extensão, District Panchayat, Palanpur.

Anónimo (2010_a). Departamento de Economia e Estatística, Ministério da Agricultura, Governo da Índia, Nova Dilhi.

Anónimo (2010_b). Districtwise area, production and yield per hectare of important food and non-food crops in Gujarat state. Direção da Agricultura, Estado de Gujarat, Krishi Bhavan, Gandhinagar, pp. **36.**

Athwale, P.B. (2009). Knowledge and Adoption of recommended Pigeon pea cultivation technology by the Pigeon pea growers of Sabarkantha District of Gujarat State. Tese de mestrado (Agri.) (não publicada), apresentada à Universidade Agrícola de Sardarkrushinagar Dantiwada, Sardarkrushinagar.

Bariya, R.K. (2001). Um estudo sobre o papel do centro de ciências agrícolas como catalisador quântico no desenvolvimento tribal no distrito de Dang do Estado de Gujarat.

Dissertação de Mestrado (Agri.) (Não publicada), apresentada à Universidade Agrícola de Gujarat, Navsari.

Belshaw, D. (1974). Melhoria dos procedimentos de gestão para o desenvolvimento agrícola. Documento apresentado no Seminário Internacional sobre Mudança na Agricultura, Reading U.K.

Chattopadhyay, S. N. (1974) Study of some psychological correlates of adoption of improved practices. Tese de doutoramento (não publicada), apresentada ao *IARI,* Nova Deli.

Chaudhari, D.H. (2007). Grau de adoção da tecnologia de cultivo recomendada pelos agricultores do distrito de Banaskantha do estado de Gujarat. Tese de Mestrado (Agri.), apresentada à Universidade Agrícola de Sardarkrushinagar Dantiwada, Sardarkrushinagar.

Chhodavadia, H.C. (2001). Impacto da demonstração da linha da frente no sistema de cultivo de relés de amendoim e feijão-frade na região de Saurashtra do estado de Gujarat. Tese de Mestrado (Agri.) (não publicada), apresentada à Universidade Agrícola de Gujarat, Junagadh.

Chothani S. B. (1999) Training needs of mango orchard growers of Junagadh district, Gujarat state. Tese de Mestrado (Agri.) (não publicada), apresentada à Universidade Agrícola de Gujarat, Sardarkrushinagar.

Dabhi, R.A. (2002). Impacto do PIMS na mudança tecno-económica dos agricultores do distrito de Anand no Estado de Gujarat. Tese de doutoramento (não publicada), apresentada à Universidade Agrícola de Gujarat, Anand.

Dangar, M. M. (1996) A study of knowledge, adoption and constraints of chiku growers' in Junagadh district of Gujarat state. Tese de Mestrado (Agri.) (não publicada), apresentada à Universidade Agrícola de Gujarat, Sardar-Krushinagar.

Desai, M.1-1.(2005) Adoção da tecnologia de cultivo de bajara de verão pelos produtores de bajara no distrito de Banaskantha do estado de Gujarat. Tese de Mestrado (Agri.) (não publicada), apresentada à Universidade Agrícola de Sardarkrushinagar Dantiwada, Sardar Krushi nagar.

Dongardive, V.T. (2002). Um estudo sobre a adoção da tecnologia recomendada para a cultura da malagueta pelos produtores de malagueta no distrito de Anand do Estado de Gujarat. Tese de Mestrado (Agri.) (não publicada), apresentada à Universidade Agrícola de Gujarat, Anand.

Gorfad, P. S. (1993) Mango growers' knowledge and adoption of improved mango cultivation practices. Tese de Mestrado (Agri.) (não publicada), apresentada à Universidade Agrícola de Gujarat, Sardar Krushi nagar.

Jadav N. B. (2001) Knowledge adoption and constraints of onion growers with respect to scientific onion production technology. Dissertação de Mestrado (Agri.) (não publicada), apresentada à Universidade Agrícola de Gujarat, Sardar Krushi nagar.

Jadav, N.B. (2004). Capacidade de gestão dos produtores de manga relativamente ao cultivo científico de pomares de manga. Tese de doutoramento (não publicada), apresentada à Universidade Agrícola de Gujarat, Junagadh.

Jaloriya, J.P. (2006) Adoção da tecnologia de produção de grama verde recomendada pelos agricultores do distrito de Banaskantha do estado de Gujarat. Tese de Mestrado (Agri.) (não publicada), apresentada à Universidade Agrícola de Sardarkrushinagar Dantiwada, Sardar Krushi nagar. (Não publicado).

Jat, ArvindKumar (2010). Conhecimento e adoção das práticas recomendadas de armazenamento de grãos de trigo entre as mulheres tribais do distrito de Sabarkantha do Estado de Gujarat. Dissertação de mestrado (Agri.) (não publicada), apresentada à Universidade Agrícola de Sardarkrushinagar Dantiwada, Sardarkrushinagar.

Joshi, C.B. (2009). Lacuna tecnológica na tecnologia de produção de amaranto em grão entre os agricultores do distrito de Banaskantha do Estado de Gujarat. Tese de mestrado (Agri.) (não publicada), apresentada à Universidade Agrícola de Sardarkrushinagar Dantiwada, Sardarkrushinagar.

K.S. Chauhan, Mehta Prakash e D.H. (1996). Excedente comercializado de produtos hortícolas em Himachal Pradesh. *The Bihar J. ofAgril. Mktg.,* **4** (4): 361-368.

Kaid, S.V.(2004) Technological gap in kharif fennel cultivation in Palanpur taluka of Banaskantha district of Gujarat state. Tese de Mestrado (Agri.) (não publicada), apresentada à Universidade Agrícola de Gujarat, Sardar Krushi nagar.

Kansara, V.B. (2009). Imagem e Impacto do Programa Institucional de Formação de Agricultores organizado por Sardar Smruti Kendra, Sardarkrushinagar. Tese de Mestrado (Agri.) (não publicada), apresentada à Universidade Agrícola de Sardarkrushinagar Dantiwada, Sardarkrushinagar.

Katyal, S. L. (1976) Horticultural research and development in hill areas, *Indian Horticulture,* **21** (2): 11.

Kawale, A.B.(2000) A study on adoption of mustard production technology by the farmers of banaskantha district of Gujarat state, M.Sc. (Agri.) Thesis (Unpublished), submitted to Gujarat Agricultural University, Sardar Krushi nagar.

Kher, A. 0. (1986) Critical analysis of sugarcane growers' knowledge and adoption sugarcane production technology. Uma tese de doutoramento (não publicada), apresentada à Universidade Agrícola de Gujarat, Sardar Krushi nagar.

Khodifad, P. B. (1993) A study of adoption and knowledge of the wheat growers with respect of recommended what production technology, M.Sc. (Agri.) Thesis (Unpublished), submitted to Gujarat Agricultural University, Sardar Krushi nagar.

Mitchell, P. T. (1979) Organizational climate of elementary school and teachers perceptions of principals' effectiveness. Dissertação Ab. Internacional, 39 (9-l):5241

Kiresur, V.R. e G.N. Kumar. (1988). Impact of regulation on vegetable marketing in India - a case study in Dharwad district of Karnataka. *Indian J. Agril. Mktg.,* **2** (1): 23-30.

Koontz, H. D. e O'Donell, C. J. (1972). Principles of management. Uma análise da função de gestão. Tóquio Me. Graw Hall. Kogokusha : 5-20.

Kumar, S. (2003). Estudo sobre o conhecimento dos produtores de algodão Bt. Cotton sobre as características distintivas do algodão Bt. Cotton. Tese de Mestrado (Agri.) (não publicada), apresentada à Universidade Agrícola de Gujarat, Anand.

Logonathan, R. (2002). Socio-economic and Ecological implications of organic farming in Tamil Nadu. Tese de doutoramento (não publicada), apresentada aos Institutos de Investigação Agrícola da Índia, Nova Deli.

Mehta, Dhaval (2002). A news article on "still comprehensive understanding needed to Globalization". Gujarat Samachar, Daily News Paper, 10th fevereiro, 2002.

Nuthall, P.L. (2001) Managerial ability: A review of its basis and potential concepts. *Agriculture Economics.* 24(3) pp. 247-262.

Pandya, S.P. (2004). Grau de adoção da tecnologia de cultivo da tamareira pelos agricultores do distrito de Kutch, no estado de Gujarat. Dissertação de Mestrado (Agri.). Tese (não publicada), apresentada à Universidade Agrícola de Sardarkrushinagar Dantiwada,

Sardarkrushinagar.

Parmar, D.R. (2006) Adoção da tecnologia recomendada para o cultivo da cenoura pelos produtores de cenoura do distrito de Patan, no estado de Gujarat. Tese de Mestrado (Agri.) (não publicada), apresentada à Universidade Agrícola de Gujarat, Sardar Krushinagar.

Patel B. M. (1996) Impact of frontline demonstration on Groundnut growers' knowledge, adoption and yield with respect to groundnut production

tese de doutoramento em tecnologia (não publicada), apresentada à Universidade Agrícola de Gujarat, Sardar Krushinagar.

Patel, A. A e Patel, R. K (2000) Growers managerial ability for plant protection measures in chilli crop. *Gujarat Journal of Extension Education.* X & XI pp. 1-4.

Patel, A. A e Patel, R. K (2001) Growers managerial ability for plant protection measures in chilli crop. *Gujarat Journal of Extension Education.* X & XI pp. 1-4.

Patel, B. M. (1995) Impact of frontline demonstrations on groundnut growers knowledge, adoption and yield with respect to groundnut production technology. Tese de doutoramento (não publicada), apresentada à Universidade Agrícola de Gujarat, Sardar Krushinagar.

Patel, K. S. (2004). Impacto de Krishi Vigyan Kendra, Deesa na mudança de comportamento dos agricultores do distrito de Banaskantha. Dissertação de Mestrado (Agri.). Tese (não publicada), apresentada à Universidade Agrícola de Sardarkrushinagar Dantiwada, Sardarkrushinagar.

Patel, K. S. (2011). Privatization of Extension services as perceived by the farmers, researchers and extension workers of North Gujarat. Tese de doutoramento (não publicada), apresentada à Universidade Agrícola de Sardarkrushinagar Dantiwada, Sardarkrushinagar.

Patel, S. M. (2010). Adoção de práticas de cultivo de rosas pelos produtores de rosas no distrito de Mehasana, no estado de Gujarat. Tese de Mestrado (Agri.) (não publicada), apresentada à Universidade Agrícola de Sardarkrushinagar Dantiwada, Sardarkrushinagar.

Patel, V. B. (2007). Performance of milk producers co-operative societies and its influence in relation to animal husbandry practices adopted by Tribals of Sabarkantha district. Tese de doutoramento (não publicada), apresentada à Universidade Agrícola de Sardarkrushinagar Dantiwada, Sardarkrushinagar.

Patel, V. T. (2006). Socio-economic and motivational factors encouraging organic farming in North Gujrat. Tese de doutoramento (não publicada), apresentada à Universidade Agrícola de Sardarkrushinagar Dantiwada, Sardarkrushinagar.

Patel, V.M. (2005) A study on Adoption of kharif Groundnut production technology by the farmers of sabarkantha district of Gujarat state. . Tese de Mestrado (Agri.) (Não publicada), apresentada à Universidade Agrícola de Gujarat, Sardar Krushi nagar.

Pokar, M.V. (2008). Uma avaliação dos FLDs sobre tecnologia de produção de amendoim kharif organizada por Krishi Vigyan Kendra, Deesa durante 2001-2005. Tese de Mestrado (Agri.) (não publicada), apresentada à Universidade Agrícola de Sardarkrushinagar Dantiwada, Sardarkrushinagar.

Prajapati, R. S. (2006). Impact of frontline demonstration on knowledge and adoption of improved pulse production technology by the farmers of North Gujarat. Tese de doutoramento (não publicada), apresentada à Universidade Agrícola de Sardarkrushinagar Dantiwada, Sardarkrushinagar.

Prajapati, R. R. (2008). Indigenous resources management by tribal farm women in Banaskantha district of Gujarat state. Tese de doutoramento (não publicada), apresentada à Universidade Agrícola de Sardarkrushinagar Dantiwada, Sardarkrushinagar.

Reddy e O.P. Lalith. (1994). Marketing of potato in district Muzaffarpur (Bihar) the context of diversified agricultural growth. *The Bihar J. of Agril. Mktg.*, 11 (9): 362-364.

Reddy, T. R. e Jayaramaiah, K. M. (1990). Relationship of selected variables on productivity of village extension officers. *Indian Journal of Extension Education,* **26** (1&2): 78-81.

Saha, B. e A. Mukhopadhyay. (1998). Channels and potato marketing in Burdwan district of West Bengal. *Agricultural situation in India,* **15** (11): 763.

Samanta, R. K. (1977) A study of some agro-economic, socio-psychological and communication variables associated with repayment behaviour of agricultural credit users of nationalized bank. Tese de doutoramento (não publicada), apresentada ao Departamento de Extensão Agrícola, Bidhan Chandra Krishi Viswa vidyalaya, Bengala Ocidental.

Siddaramaiah, B.S. and K.A. Jalihal (1983) A Scale to Measure Extension Participation of Farmers, *Indian Journal of Extension Education.* **19** (3 & 4): 76

Singh S. N. e Singh K. N. (1970) Farm Mechanization Index. Measurement in Extension Research, Instrumento desenvolvido no IARI, divisão de extensão agrícola, Nova Deli, compilado por K.N. Singh e outros 1963-72 pp 178-181.

Solanki, K. D., Pandya, D. N., Patel, B.T. e Thakkar, K. A. (1991). Motivational sources for joining correspondence course on scientific wheat cultivation. *Gujarat Journal of Extension Education.* 2 & 3 :46-48.

Solanki, K.D. (2002). Comportamento empresarial dos produtores de batata da zona agro-climática de Gujarat do Norte do estado de Gujarat. Tese de doutoramento (não publicada), apresentada à Universidade Agrícola de Gujarat, Sardarkrushinagar.

Sumathi, U.B. (1987) A study on achievement motivation and management orientation of small coffee growers in Chickmagalore district, Karnataka state. Tese de Mestrado (Agri.) (não publicada), apresentada à UAS, Bangalore.

Suthar, K.D. (2010). Impacto sócio-económico do sistema de irrigação por gotejamento entre os agricultores do distrito de Sabarkantha de todo o estado. Tese de Mestrado (Agri.) (não publicada), submetida à Universidade Agrícola de Sardarkrushinagar Dantiwada, Sardarkrushinagar.

Trip, G, Thijssen, G. J. Renkema, J. A. e Huime R. B. M. (2002) Measuring managerial efficiency: the case of commercial greenhouse growers, *Agriculture economes,* **27** (2) pp. 175-181.

Trivedi, M.B. (2000). Um estudo sobre a adoção da floricultura no distrito de Anand, no estado de Gujarat. Tese de Mestrado (Agri.) (Não publicada), apresentada à Universidade Agrícola de Gujarat, Anand.

Upton, M. e Anthonio, Q.B.O. (1975). Farming as a business, Oxford University Press, Delhi, pp. **1-5.**

Vaghela, M.S. (2002). Estudo sobre as qualidades empresariais dos piscicultores no distrito de Anand, no estado de Gujarat. Tese de Mestrado (Agri.) (não publicada), apresentada à Universidade Agrícola de Gujarat, Anand.

Vankar, P.M. (2000). Impacto da irrigação por canal nos agricultores de castas tradicionais em Khambhat taluka do distrito de Anand do estado de Gujarat. Tese de Mestrado (Agri.)

(Não publicada), apresentada à Universidade Agrícola de Gujarat, Anand.

Verma, P.D. (2000). Análise das diferenças de rendimento e dos condicionalismos da produção de amendoim na zona agro-climática de Saurashtra Sul do estado de Gujarat. Tese de doutoramento (não publicada), apresentada à Universidade Agrícola de Gujarat, Sardar Krushi nagar.

Verma, S.F. e Sharma, F.L. (2003). Impact of Alvar Dairy Union in the adoption of improved animal husbandry practices in Rajasthan, *Indian Dairymans.* **55** (1):57-61.

Vihol, D.P. (2002). Progressividade agrícola dos agricultores no que respeita ao cultivo de kagzilime. Tese de doutoramento (não publicada), apresentada à Universidade Agrícola de Gujarat, Sardar Krushinagar.

Printed by Books on Demand GmbH, Norderstedt / Germany